天下文化
BELIEVE IN READING

人才

識才、選才、求才、留才的10堂課

TALENT

HOW TO IDENTIFY ENERGIZERS, CREATIVES,
AND WINNERS AROUND THE WORLD

泰勒·科文 Tyler Cowen
丹尼爾·葛羅斯 Daniel Gross　著

謝儀霏　譯

目次　CONTENTS

TALENT

推薦序

先找對人上車，再決定車子開去哪

程世嘉　iKala 共同創辦人暨執行長

ChatGPT的問世震撼了全世界，人們對人工智慧從來沒有這麼「有感」過。一夕之間，人人都可以和ChatGPT互動，驚訝原來人工智慧已經進步到這種程度了！

然後，一股強大的焦慮感襲來。

面對這麼強大的技術，一般的工作者開始害怕未來會被人工智慧取代。另一方面，數不清的企業主則是被激起要趕快數位轉型的急迫感，害怕自己的企業與未來不相容。

然而，許多人把數位轉型跟採用最新的數位技術畫上等號，但數位轉型真正要「轉」的，是對於人才的思維。採用新技術不會翻轉你的組織，採用新的人才思維才會。

所以，《人才》這本書問世的時間點真是恰到好處。

兩位具備豐富產業及學術經驗的作者在書中首先闡明，在這個新時代找到潛力人才的重要性，並強調「標準的找人方式」只會找到「標準的人」，而這些標準的人往往無法為組織帶來突破性的進展。我們應該要做的，是透過改變選才的方式和思維，辨識出在傳統面試流程當中被低估而錯失的人才。

在《人才》這本書中，提供許多非常實用的選才建議和具體做法，包括：比較傳統和線上面試的不同點和最佳實務、善用人格理論抓出應徵者身上的關鍵資訊，以及避免因為偏見而錯失人才等等。諸多的做法與iKala一直以來的選才方式不謀而合。

iKala的選才方式一直以來都非常特殊，我們有很多違反傳統智慧的做法，例如「先找對人上車，再決定車子要開去哪裡」或「因人設事有時是一件好事」等等。這些做法不是為了特立獨行，而是融合了我在Google工作多年學習到的人才戰略，以及對於AI時代的人才期望，最終目的都是為了全力打造iKala成為一家與未來相容的公司，不要被時代淘汰。

本書對於理論和框架談得很少，內容都是滿滿的實務建議，以及強調人才的軟性技能，這與我對未來選才的看法完全契合。傳統的做法已經不合時宜，而雖然技術的進展速度快到令人喘不過氣，但只要靜下心來思考，就會發現技術愈進步，軟技能反而是人才突出的關鍵。

因為當技術已經進步到人人可用，實際上已經把所有人的競爭基礎拉到同一條水平線上，現在不分男女老少，只要是有企圖心、具創新思維、擁有跨界能力、帶著特殊人生經驗的人才，就能夠將技術使用得淋漓盡致，為組織帶來突破性的進展。能夠選到這樣的人才，才能開啟真正的轉型。

處在AI時代，不用一直擔心自己一夕之間被取代，本書提供一張可按圖索驥的地圖，書中所有實務建議同時適用個人的轉型和組織的轉型，讓我們知道什麼是AI時代必須具備的人才特質，也讓組織知道如何選出具備這些人才特質的應徵者。按照這張未來的人才地圖前進，我們就不至於在快速的AI時代迷失方向。

各界佳評

我認為最值得培養的能力，就是發掘璞玉、找出卓越人才的能力。我花了好多年鑽研此道，但這本書還是讓我大開眼界，獲益良多。

——山姆·奧特曼（Sam Altman），OpenAI 執行長

領導者最重要的工作，就是找到有「創造力火花」以及能夠開拓、投資、打造未來的潛力人才。想要了解識才與用才的技巧與理論，本書提供新穎的見解與實用的建議。

——艾瑞克·史密特（Eric Schmidt），史密特未來公司（Schmidt Futures）共同創辦人、Google 前執行長

不管是投資、創立公司，或是從事其他與創意相關的工作，「人才是最重要的資產」這點是不變的道理！在「產品」、「市場」和「人才」三項因素當中，我敢肯定最能預測成功的絕對是「人才」。然而人才或許比比皆是，卻並非平均分布，甚至還相當難找到。我們究竟該如何發掘、過濾、媒合前景看好的最佳人才？本書根據科學研究和作者自身經驗，與你分享箇中方法。想要掌握未來，就先掌握選才的竅門。

—— 馬克・安德森（Marc Andreessen），網景（Netscape）與安霍創投（Andreessen Horowitz）共同創辦人

科文和葛羅斯都是現役的發掘人才先驅，聯手寫下這本最完備的求才覓才指南。對於創新、創業精神或美國新創經濟根源有興趣者，絕不能錯過！

—— 克莉絲汀娜・卡喬柏（Christina Cacioppo），Vanta 執行長兼共同創辦人

兩位傑出且打破傳統框架的大師，將其豐沛的創造力應用到「選才」這個最讓人苦惱的商務問題，彼此相互激盪出火花，終於促成這部作品的誕生。我喜歡這本書！」

—— 麥爾坎・葛拉威爾（Malcolm Gladwell），暢銷書《失控的轟炸》與《引爆趨勢》作者

一本細心縝密的指南……想要重整面試過程的經理人千萬不容錯過。

——《出版者週刊》（*Publishers Weekly*）

本書實用又有趣，想開拓有創造力未來的創業者必讀！

——《科克斯書評》（*Kirkus*）

| 1 |
為什麼人才很重要

本書的誕生，始於我們兩個（本書作者）的一場對話。

對我們來說，發掘人才不只是工作的一部分，更是一件深具吸引力的事。所以我們在幾年前相識時，自然而然展開一連串的討論，分享自己如何思考尋找人才的策略，以及為何如此熱衷於尋找具備創新能力的稀有人才。一開始，這些思考只是工作上的一種興趣，但久而久之，已經演變成一種看待世界的方式：我們習慣在生活各層面遇到的人當中，探尋潛藏的珍貴人才。

我們從第一次見面起就不斷交流，將彼此的想法深化，共同激盪出一些全新的假設。基於共同的興趣、相互抬槓的趣味，以及對於增進實務能力的期盼，我們不僅透過 WhatsApp 持續對話，還不時相約見面或一起旅遊。試想，如果你把兩個各執己見的人才探尋者湊在一起，讓他花上幾年時間去相互

調侃、質疑、挑戰對方想法，那會發生什麼有趣的結果？

這本書正是這種深度交流下的產物。

相互激盪的心靈

泰勒・科文對於剛認識丹尼爾・葛羅斯時的一次談話印象深刻。當時，葛羅斯特別強調「業餘愛好者」和「怪咖」的重要性，指出網際網路上許多重大革命性創新，都是源自看似小眾的利基產品。這些人抱持熱切的情懷，一心一意只想滿足少數粉絲，最終卻從中獲得能將產品行銷給廣大群體所需的技術與網絡。所以，如果你想尋找一家能夠大獲成功的新創公司，不妨拋棄既有的慣性與直覺，找出那些創業之初一心滿足那群更小眾、更奇特粉絲的人。

葛羅斯想起他經常會詢問潛在員工的一個問題，這個問題是從科文那裡聽來的：「鋼琴家平常會進行音階練習，那麼你在專業領域中，平常都會練習些什麼？」透過這樣的問題，不僅能夠了解對方如何持續自我精進，還能評估其功效，甚至可以獲得許多額外訊息，了解對方如何看待自己的生活慣性與局限。如果你發現一個人缺乏自我精進的習慣，他依舊可以是很稱職的員工，但其能力多半會維持現在的水準，這本身也是寶貴的資訊；相反的，如果一個人傾向減少典型的社交活動，

把時間用來持續提升自我，那麼他更有機會成為對世界做出重大影響的創造性人才。

以上兩則軼事多少都帶有「邊緣人」色彩，那是因為我們各自確實都具有這樣的特質。葛羅斯從小就有些孤僻，只喜歡與程式為伍，長大後也沒有接受高等教育；而科文個人職業生涯的開展，則與早年撰寫部落格息息相關。正因為我們本身就是非典型人才，所以我們希望能夠協助你，為你的企業找出其他能夠創造改變的創世奇才。

葛羅斯曾經這麼形容自己：「我年輕時有很長一段時間，總覺得自己像是試圖往內部張望的一名局外人。」在涉足科技產業之前，葛羅斯沉迷於寫程式，於是他決定善用所長，來處理更宏大、更與社會密切相關的問題。他十八歲成立一家名為Cue的新創科技公司。後來將公司賣給Apple，二十三歲就成為Apple的主管，那時正值Apple最蓬勃發展的時期。

接下來，葛羅斯加入Y Combinator並擔任合夥人，這家頗受好評的矽谷新創育成公司，目前總市值已經超過一億美元。葛羅斯不僅協助Y Combinator建立或許是全世界最具影響力的風險資本與人才發掘系統策略，他也成為一名「天使投資人」（angel investor），尋找並支持那些尚在草創期，卻懷抱著遠大前景的新創公司。[1]

二〇一八年，葛羅斯在舊金山創辦Pioneer，這是一間

致力於發掘全世界各地人才的新創風險投資公司。葛羅斯和Pioneer公司相信，世上還有**為數眾多**的人才，潛藏在長期被傳統求才體系忽略的地方。所以在傳統的推薦與面試管道之外，他們還透過網路及遊戲化的人才系統，找出始終未被發現的創造者。葛羅斯一方面尋覓值得投資的新創公司創辦人，另一方面也不斷為Pioneer公司各個階層的各式職務尋求優秀人才。不過，可別以為葛羅斯只局限於實務面，他會抽空研讀與人才有關的最新研究，並熱情分享給科文。

科文是喬治梅森大學（George Mason University）經濟學教授，參與該校教師招聘與研究生甄選超過三十年。他還是莫卡特斯中心（Mercatus Center）主任，領導將近兩百位員工，並管理一個名叫「新興創投」（Emergent Ventures）的單位，致力於發掘並資助擁有改變世界想法的人才（通常是年輕人）。他的部落格「邊際革命」（Marginal Revolution），十八年來每日持續更新，同時經營名為「邊際革命大學」（Marginal Revolution University）的線上經濟學教育網站。他還主持Podcast節目《與泰勒對談》（Conversations with Tyler）。科文一直在學術界，但幾乎每天都離不開人才甄選和專案管理。

在科文發表於部落格的一篇文章下，署名阿拉史泰爾（Alastair）的評論者是這樣描述他的：「科文的思考方式與眾

不同。他擁有驚人的閱讀速度、多重的專業角色、持續經營Podcast及網站的毅力，還具備對學習及旅行的熱情，以及無比充沛的精力，這讓他能夠吸收更多不同來源的資訊，從而創造更多出人意料的產出。無論是輸入與輸出都是如此與眾不同，正是他大放異彩的關鍵所在。他身兼經濟學家、哲學家、心理學家、社會學家、人類學家、自由派和保守派、全球主義者和民族主義者、外國人和本地人、藝評家和藝術家、雇主和員工、捐贈人和受贈人、面試官和接受面試者、教師和學生等多重角色。擁有這樣多重的角色，我們幾乎可以這麼說：不可能有人能用與科文相同的多重視角看世界！即使他提出一個看似平平無奇的結論，但背後的推理和觀點依然與眾不同。」[2]

　　除了在工作屬性上有所不同，我們兩人還在許多地方看起來有很大的差異。葛羅斯還不到三十歲；而科文已經五十好幾。葛羅斯在以色列出生（父母親都是美國人），後來才搬到舊金山；科文在紐澤西出生，最後定居於維吉尼亞州北部。葛羅斯給人脾氣不太好的印象；科文看起來總是超然物外。葛羅斯喜歡潛水、聽電子舞曲；科文則愛打籃球、聽貝多芬和印度傳統音樂。葛羅斯非常討厭學校生活，高中時甚至有些叛逆；而科文則對學校生活適應良好。即便如此，我們的共通點是：擁有打破砂鍋問到底的好奇心、對於創造性活動充滿熱情，以及願意持續想辦法解決棘手問題。因此，每當我們一開始交

15

談，總會聊到捨不得停下來。

我們在二〇一八年二月一日的一場非正式聚會相識，地點是舊金山一家餐廳的包廂。那天科文去拜訪朋友，朋友邀請他一起出席這場討論英國政治議題的活動。一到現場，科文就注意到葛羅斯一個人靜靜坐在角落的大桌子前，似乎正快速且全面的吸收周遭一切訊息，於是心想：「這個年輕人是誰？我該怎麼看待那抹睥睨一切的微笑？」接下來，科文發現每當葛羅斯開口發言，總能讓其他與會者（其中不少人是知名矽谷創業者或風險投資者）安靜下來，聚精會神傾聽他的觀點。

至於科文留給葛羅斯的第一印象，是他隨身帶著一個帆布袋。這個簡單的配件裡裝著iPad和幾本書，展現出這位先生獨特、踏實、反傳統的風格。畢竟其他充滿「上流氣息」的與會者，才不會拖著這種東西四處遊走。

那天，當所有人入座後，晚餐討論會正式開始。像這種人人都能暢所欲言的場合，能夠為我們開啟一道機會之窗，讓我們了解一個人真正感興趣的事物，到底是追求個人地位，還是追求交流與創造。追求地位者往往會竭盡所能吸引眾人目光，營造個人精英形象；追求創造者則恰恰相反，對於不確定的事物，他們不會急著陳述己見，而是選擇對所有與會者提問，激起大家的好奇心，並在交流過程中增進彼此所知。在科文身上，葛羅斯能夠看見這種創造力火花，因此在當晚的團體

討論中，兩人常會設法引起對方注意，並且延續對方的論點和主題。晚宴進入尾聲之際，我們已經知道彼此能夠理解對方想法，應該要進一步好好深談。

此後，我們一次又一次相約見面、討論。二〇一九年某日，在舊金山中式餐館吃午餐時，我們決定要共同寫作這本書。計畫很快就成形，兩人滿心期盼並積極付諸行動，將知識交流的成果轉化為更加廣泛的效益。然而直到現在，科文依然感到內疚，因為當時他告訴葛羅斯，他必須先為前一本書履行行銷義務，因此得要等幾個月後，才能正式投入這個寫作計畫。雖然科文為自己未能即時開工而感到不悅，不過葛羅斯倒是覺得開心，因為這項計畫已經足以讓他持續充滿動力。

接下來，我們開始構思這本書最終的樣貌。我們認為本書應該針對聰明才智、人格特質、面試技巧的主題，進行更高層次的處理，將創投界口耳相傳的知識，與尋找多元人才的新觀點結合起來。我們希望這本書最終提供的見解，不只適用於新創公司，同時也適用於一般企業。

求才：與所有工作者息息相關的議題

顯然很多企業都在積極尋找人才，但未必都能成功如願。根據美國世界大型企業聯合會的年度調查報告（The

Conference Board Annual Survey），執行長和其他高階主管最關切的就是人才招募。此外，缺乏企業所需技能的人才，更被領導者們視為企業發展的頭號威脅。我們和執行長、非營利組織領導者或創投業者對談時，發現缺乏合適人才（以及如何尋找更多人才）是他們共同關切的焦點。[3]

如今，求才的迫切性日益提升，愈來愈多人選擇離開現有工作，重新評估未來走向，造成離職率屢創新高。新冠肺炎疫情更將我們拋入一個全新時代，遠端工作在一夕之間突然普及。在這個必須經常透過Zoom來進行溝通與會議的世界中，大量工作者面臨價值重估的命運。

當然，發掘人才不只跟工作或企業有關，也和發放獎學金、在試鏡會中選角、從選秀會中挑選優秀運動員、選擇適當的人合作寫書或論文，甚至也與選擇朋友或伴侶有關。尋覓人才差不多是所有人類生活中最重要的活動。在SpaceX草創時期，伊隆・馬斯克（Elon Musk）親自面試最早的三千位員工，因為他想確保公司聘用到最合適的人才。[4]

千萬不要傻傻以為求才是老闆和人力資源部門才需要關心的事。如果你希望被發掘，那麼對你最有價值的一堂必修課就是「老闆怎麼看待人才」（或是「老闆應該怎麼看待人才」）。如此一來，你就可以展現吸引人且有價值的特質，免得潛在雇主可能錯過你。即使你對招募技術興趣缺缺，至少也

該和老闆一樣關心辨識人才的標準。

每個人在努力展現自身才能的同時，也在努力發掘他人才能。你肯定會在意上司和同事的能力好不好，畢竟誰都希望能和優秀的人（尤其是優秀的上司）一起共事，讓自己的才能在工作中獲得成長。是否要接下一份工作、要不要抓住眼前的升遷機會，這類決定都涉及「人」的問題，也就是說，無論你在公司的層級高低，你必須知道如何辨識人才，才能決定接下來要和誰一起共事，或是該跟隨哪一位上司。

實際的價值是，找出被低估的人才，是賦予個人或組織優勢的最有效方法之一。對規模較大的公司來說，給一名「顯而易見」的人才過高的價碼，還在可負擔的能力範圍內；但在規模較小的組織裡，你可能沒有這般餘裕。因此，要打造獨特、積極、忠誠的團隊，最穩當的辦法就是精準挑選出被輕視的中高齡就業婦女、不起眼或格格不入的製作人，或是不世出的天才。如果你在知名大型企業上班，或許你已經見識到公司奉行過度的證書主義，被動遵循僵化的招募程序，而非積極尋找能真正讓公司壯大的能人才士。如果真的希望找到優異人才，你有時得試著考慮讓公司冒些風險（當然，這裡指的是合理且情勢看好的風險）。

最重要的是，我們反對傳統官僚主義式的求才方式，並努力尋求替代方案，因為這種方式不僅不利於美國經濟，更不

利於美國人乃至全世界的人。官僚主義式的求才思維,力求將錯誤及損失風險降到最低,並將一致性奉為圭臬,因此要求所有人按照死板的規則行事,壓抑甚至消滅個人特色,一切但求無過而不求有功。按照這樣的方式,套用目前政治界流行的用語,你就是跑完一套充滿「七拼八湊」(kludge)和「淤泥效應」(sludge)色彩的招募流程,最終只能吸引到和組織氣味相投的應徵者。

大家應該都很熟悉那種傳統的面試流程吧。一票求職者帶著事先擬好的問題(和答案)而來,坐在同一間小房間裡,等待接受總是讓人感到無聊透頂的面試。而面試官一心只想找個「還可以」的人,要看起來夠體面,而且最重要的是能被組織成員所接受。

身為兩個務實的人,我們很清楚世界永遠不會捨棄傳統的招募方式,畢竟官僚主義式思維依舊如此盛行。但我們依舊以革命者自居,談到招募技術,我們相信你有比傳統模式更好的選擇;談到辨識人才,我們將告訴你如何克服官僚主義式思維。

在本書中,我們針對的是一種極為特殊的人才,也就是所謂「能夠迸發出創造力火花」的人才。這些人能夠產出新想法、創建新組織、為既有產品開發嶄新用法、領導知識及慈善活動,每當他們現身,無論是哪種場合,都能展現強大的領導

力及個人魅力，為他人帶來啟發。他們擁有一種獨特天賦，能夠想像與現狀截然不同的更好可能，從而改善這個世界。

　　然而這種人才往往很難被發現，他們可能出現在組織的各個階層。可能是執行長、高階主管，但也可能是完全否定你過去廣告策略的新任行銷經理，甚至可能是建議你考慮製作新 podcast 主題的實習生。

　　如果你打算找出這些正冉冉上升的新星，傳統官僚式做法完全幫不上你的忙。你得開始磨練自己的技能，尋找真正能夠迸發出創造力火花的人才，而不是能夠洋洋灑灑列出一長串資歷與成就的人。

　　如何更有效的發掘人才，是一個非常關鍵的問題。當我們各自閱讀桌上一篇篇提案計畫時，常會感嘆真正稀缺的是人才，而不是錢財。科文讀了一篇在印尼設立智庫的提案計畫，但最終癥結是該找誰來擔任負責人和籌款人。葛羅斯看到一家公司計畫到外太空進行小行星採礦，然而很難找到兼具足夠膽量及風範的人來執行如此宏大的構想。

　　「誰能成為這個計畫的推動者？」這是大家心中一再出現的疑問，你在工作中多半也曾為此苦惱。這個問題之所以很難回答，並非是人才不存在，而是因為人才很難找到也很難動員。我們缺乏能讓事情實現的工作者和領導者，無論是想建造一座新教堂、寫一首暢銷流行曲、還是創立一家成功的公司，

情況都是如此。

人才極度稀缺，卻總是被浪費

　　人才的重要性與稀缺性，是總體經濟層級的重大問題。從本質上來看，優質勞動力比資本（資金）更為稀少，這點由創投資金相對充足（也就是經濟學家所說謂「儲蓄過剩」）可資證明。即使是擁有數十億資產的世界最大創投公司日本軟體銀行集團（SoftBank），也未必總能找到適當機會，甚至還曾犯下許多嚴重的錯誤，例如投資WeWork及其執行長兼創辦人亞當・諾伊曼（Adam Neumann）。而新加坡、挪威、卡達等許多國家的主權財富基金，也在積極為日益成長的盈餘尋找更新、更好的投資標的。他們有的是錢，正爭相競逐始終十分稀缺的人才。[5]

　　回顧美國自一九六〇年以來的生產力成長，保守估計至少有20％到40％是源自職業分布問題的改善。在偏見及誤解的影響下，一九六〇年之前美國職業分布問題非常嚴重，例如當時94％的醫師和律師都是白人男性，而珊卓拉・戴・歐康納（Sandra Day O'Connor）在一九五二年以全班第三名成績從史丹佛法學院畢業時，卻因身為女性，被超過四十間律師事務所拒絕。過去，我們不見得能讓最有生產力的人從事最適合他

們的工作，**直到今日仍是如此**。換句話說，無論是過去或現在，我們不僅未能充分利用人才，甚至是在浪費人才。這對我們的經濟不是好事，對那些無法出頭的人來說，更是一齣人間悲劇，同時嚴重傷害國家發展與國民士氣。[6]

談到歧視，我們多半會想到種族、性別、性取向。這些依然是現實存在且根深蒂固的問題，但美國社會在人力資源配置上的問題並非僅止於此。即便是一九七〇年代後，我們真的有盡量讓書呆子和內向者發揮最大生產力嗎？那些殘疾人士、新移民及矮個子呢？無論是過去或現在，偏見始終影響我們在人力資源配置上的決定。

美國個人所得成長的數據，則反映出個人的才能對所得的影響程度與日俱增。一九八〇年到二〇〇〇年間，個人所得有75％可歸因於教育程度（有大學學位、沒有大學學位、有研究所學位）；及至二〇〇〇年到二〇一七年間，所得不平等成長速度與前期大致相同，但個人所得僅剩38％可歸因於教育程度，這意味大部分所得不平等的成長，是出現在相同教育程度群體**當中**。也就是說，學歷已經無法保證你的未來發展，你的職涯能否成功，得靠學歷之外所擁有的才能。[7]

隨著全球化發展，人才議題的重要性也不斷提升，因為有比以往更多的人才等待被發掘。就拿奈及利亞來說，在三、四十年前，當地人民營養不良的比例非常高，學校體系也非常

糟，導致多數人才與潛在人才都沒有出人頭地的機會。時至今日，奈及利亞的貧富差距仍然很大，許多人依舊過著悲慘的生活，但已經形成具規模的中產（以及上流）階級。奈及利亞創業者不僅快速在非洲崛起，甚至逐漸開始登上全球舞台。在英國，許多數學成績頂尖的孩童家庭具有奈及利亞背景；在美國，許多奈及利亞裔美國人晉升白領階級。然而，這不代表所有奈及利亞人都能找到自己在世界上的恰當位置。這又再次告訴我們，招募和評估人才的技術仍有待改進，對於身為求才者的你來說，還有更多機會可以把握。

　　過度重視文憑，是傳統求才方式最糟糕的問題之一，也是發掘人才的一大阻礙。《紐約時報》曾報導，今日的碩士學位實質上等同於過去的學士學位，很多幾十年前只要求求職者有高中學歷的工作，現在都要求必須大學畢業甚至更高學歷。當前許多執法人員或營建管理人員職缺都要求擁有碩士學位，然而，這真的是必要的嗎？如果我們把碩士學位設為門檻，有沒有可能因此錯失那些具備更相關技能與才華，更適合這份工作的人？以文憑進行篩選，目的原本是幫助我們有效縮小範圍，以更經濟的方式找出合適人選；卻反而會局限無力負擔高等教育者的社會經濟流動力，並且鼓勵過度投資正規教育。如果我們希望打破文憑主義現象，讓美國再度成為一個充滿機會的國度，我們必須改善求才的方式。[8]

　　別忘了，矽谷或創投公司在求才策略上，對「沒有做該做的事」的擔憂遠勝於「做了不該做的事」。如果你身為一位創投人士，卻錯過今年最重要的創業者，那麼不僅會損失大筆金錢，甚至可能丟了工作。每年都有數以千計的人嘗試以新創公司攀登高峰，但往往只有七、八個人能夠大放異彩，未來或許有一、兩個成功案例能成為變革型公司。很顯然的，如果我們錯過明日之星，絕對會是嚴重的損失。

　　科技業及創投業的求才策略未必完全適用於所有產業，但我們可以從中汲取一些有用的方法，讓大家把眼光從文憑上移開，找出變革型人才的藏身之處。

發掘人才的能力

　　發掘人才根本上是樂觀之舉，其前提在於這個世界總是有更多價值能被發現。但是發掘人才本身，就是一種創造性技能，就像音樂或藝術鑑賞那樣，無法靠一成不變的面試、團體迷思、演算法、簡單公式來完成。

　　那麼，究竟該怎麼判斷眼前的人是不是你在找尋的人才呢？許多人會告訴你，優秀人才會讓人覺得眼睛一亮。但在創投界打滾的葛羅斯則有不同看法，他會特別在意一種奇怪的情緒：恐懼。

　　當優秀的創業者開始竭力推銷時，他們會自然流露出明目張膽的野心與決心，這會讓葛羅斯感受到一絲微妙的恐懼，知道眼前的人會**不計代價**求取成功。這些創業者並沒有刻意嚇唬葛羅斯，而是他們散發出的強烈企圖心成功引起葛羅斯的興趣。每當葛羅斯隱約感到這種恐懼，他就會開始仔細聆聽。

　　二十一世紀的創業者就像十六世紀的海盜，是一群精力充沛、渾身散發領袖魅力的局外人。葛羅斯進行投資決策時，有時是針對市場，例如他清楚看到線上房地產交易平台Opendoor的市場前景；但有時則是針對創業者本身，例如提供雜貨配送服務的Instacart，以及Cruise和Embark等自駕車公司，它們最初的獲利路徑並不清晰，但共同之處是有著令人生畏的創業者，日後也都確實為投資人帶來豐厚的獲利。

　　儘管發掘人才是如此重要，但我們依然驚訝的發現，並沒有一本專門討論發掘人才的入門書。談到銷售，人們會想到戴爾・卡內基（Dale Carnegie）的《人性的弱點》（*How to Win Friends and Influence People*）；談到擔任執行長，人們會想到安迪・葛洛夫（Andy Grove）的《葛洛夫給經理人的第一課》（*High Output Management*）；若是談起行銷與人際互動，人們則會想到羅伯・席爾迪尼（Robert Cialdini）的《影響力》（*Influence*）；但談到發掘人才時，大家又能想到哪本書呢？

　　事實上，在心理學、管理學、經濟學、社會學、教育

學、藝術與音樂史、運動等諸多領域,均已累積大量關於人才和發掘人才的文獻。在本書中,我們將透過尋覓人才的實務經驗,並將其去蕪存菁,用更容易消化、更清楚易懂的形式,提供你這些洞見的精華。

任何探討發掘這類人才的書籍,必定要處理有關人性與人類行為這些更宏大的問題,去探討:哪些特質和創造力相關,並能預測一個人是否在任何領域具有獨樹一格的創造力?哪些特質讓人善於或不善於和他人合作或想出新點子?透過人格特質測驗和智力測驗,能夠預測一個人的創造力到什麼程度?還是人類的創造力是無法簡化的?或許我們只能靠直覺去揣摩,畢竟每次創造力的出現都是獨一無二的?哪些類型的人是真的可以做出一番成績的?在本書中,我們試圖以發掘人才的藝術與科學來說明上述問題,因此指引一條新的道路,讓我們理解周遭的世界。

我們在一次次對談中逐漸體悟,缺乏找出足夠人才的能力、無法讓夠多人才流動,正是這個時代最大的敗筆。培養發掘人才的能力,正是增進社會正義的解方。一個不公不義、缺乏機會的世界,絕對會是個無法賞識人才、無法讓人才適得其所的世界。當太多高生產力者無法適得其所,這不僅是對他們的傷害,更將是整體社會的損失。

「發掘人才是我最不擅長的事情之一」之類的想法,是上

述各種誤入歧途的做法所導致的結果。傳統求才方式並非**故意**歧視特定群體，但只看文憑、只重視社會階級、講求一致性的做法，絕非為真正的人才提供機會的理想方式。因此，我們會將焦點放在當前的制度，探討如何才能給其他人（也就是長期被忽略的人才）應得的公平機會。我們現在對增進多元化和包容所做的努力，都是為了彌補過去社會的結構性損害，所以，當你提升自己辨識人才的能力，無疑能為社會帶來直接且正面的影響。

本書的四個核心概念

在正式進入探索旅程之前，我們希望先提出四個核心概念，來闡述我們發掘人才的策略。你會發現這些概念將在書中反覆出現，而且它們具有普遍性，不僅能夠用來幫助你克服發掘人才時會遇到的問題，也能用來解決生活上其他諸多難題。

1. 發掘人才是一門藝術，也是科學

如果投入足夠的心力去研究和練習，確實有可能提升發掘人才的能力，就像資深的籃球觀察員一定會比新手更了解球賽；仔細研究音樂、藝術、電影欣賞，即使不見得能找到品味的特定法則，也多少會有所收穫。你投資在發掘人才的技巧遲

早會有用，即使你的個人決策多半不能歸結成一個簡單的原則。舉例來說，「紅色的畫絕對是好的」是一個愚蠢的定律，但如果你研究提香（Titian）和蒙德里安（Mondrian）如何使用紅色，便有助於你看出其他藝術家的天分以及其他以紅色作畫的有效方法。發掘人才也是如此，你必須了解發掘人才的科學和藝術。而藝術的層面意味著尋找不是定律的一般規律，看這些規律如何在個人才能的特定實例中表現出來。這有助於你培養直覺，你就可以看出另一個有才能的人。

對於舉世聞名的人才發掘者而言，每天需要處理的資訊量總是非常龐大，所以他們往往善於運用直覺。以PayPal創辦人彼得・提爾（Peter Thiel）為例，他不僅是發掘馬斯克、雷德・霍夫曼（Reid Hoffman）、馬克斯・列夫琴（Max Levchin）、馬克・祖克柏（Mark Zuckerberg）等人的伯樂，更是YouTube創辦人陳士駿（Steve Chen）、查德・赫利（Chad Hurley）、賈德・卡林姆（Jawed Karim），以及Yelp創辦人的傑洛米・史托普爾曼（Jeremy Stoppelman）、羅素・西門斯（Russell Simmons）邁向成功的幕後推手。

提爾對科技發展貢獻良多，但卻是人文科學（哲學和法律）出身，他的人才判斷方式難以歸納成一個簡單的公式。他在就讀史丹佛大學期間，是在法國人類學家兼哲學家勒內・吉拉爾（Rene Girard）門下研究聖經，對宗教有著濃厚的興趣。

在創投的背景下，提爾意識到，道德判斷是我們洞察力與行動力的重要源頭，因此總會對他人進行非常嚴肅的哲學甚至是道德測試。就我們看來，提爾其實是透過能夠引起內在省思及情感糾結的問題，來獲取許多隱微的額外訊息，進而判斷你是否具備邁向成功的才華。道德判斷往往能喚起我們最深刻、最有活力的直覺。

麥可‧莫里茨（Michael Moritz）是另一位厲害的伯樂。從Stripe、Google到PayPal，他一再展現獨到的識人眼光，不僅廣受業界推崇，更被許多人認為是識別人才的第一把交椅。莫里茨在加入紅杉資本（Sequoia Capital）之前，一直是從事記者工作，我們認為正是這個背景，賦予他能夠看出誰有才華、誰沒有才華的能力。提爾的人才識別方式比較偏向哲學思考，而莫里茨則是在他人身上尋找真實、富有生命力的故事。每當聽到某人百轉千回的人生經歷（尤其是發生在童年時期），就會點燃莫里茨的興趣。那些被迫忍受磨難的人，往往心有不甘、憤憤不平，極度渴望能夠證明自己的實力，他發現這是一種與成功密切相關的特質。莫里茨會和知名足球教練亞歷克斯‧佛格森（Alex Ferguson）合作撰寫佛格森的自傳並非偶然，書中提到羅納度（Ronaldo）、梅西（Lionel Messi）等頂尖球員是多麼執著於自我提升，這正是他們得以出類拔萃的關鍵所在。莫里茨知道，最值得投資的人才並非那些已經成功

取得顯赫戰績的人，而是那些下定決心要比任何人都努力攀上顛峰的人。

當你手上擁有大量績效表現數據時，才可能展現發掘人才的科學層面意義。透過數據的蒐集，辨識和招募運動人才方面出現長足進展。你該如何判斷一位青年投手是否有潛力？過去你可以參考他投球的球速，現在則多了球旋轉時的轉速及旋轉類型等數據可供你評估。

在麥可・路易士（Michael Lewis）撰寫的經典之作《魔球》（Moneyball），以及日後布萊德・彼特（Brad Pitt）主演的同名賣座電影當中，描繪比利・比恩（Billy Beane）所締造的棒球革命。這場革命起源於本世紀初的奧克蘭運動家隊（Oakland Athletics），讓這支原本平庸的球隊成功晉級二〇〇二年和二〇〇三年的季後賽。簡而言之，魔球哲學是一種運用統計方法，發掘被棒球界低估球員的策略。這套策略一度幫助運動家隊成功發掘不少有天分的球員，但隨著其他球隊紛紛仿效而效益逐漸遞減。之後，其他運動項目也開始強調數據的運用，例如NBA興起三分球浪潮時，各隊就會透過數據分析，來投入更多資源選拔和培養三分球射手。若能善用數據發掘人才自然很棒，但必須注意的是，當前表現與未來發展潛力之間往往未必緊密相關。[9]

2.培養鑑別人才的思維模式

我們希望能夠點燃你對人才的興趣與好奇，而且不只局限於工作上，讓你在生活中各種面向都能盡可能關注人才、談論人才。你會開始留意個人專業領域之外的人才，無論是運動界、娛樂界、政治圈，甚至是名人八卦，並且試著釐清誰真的具有才華、而誰沒有。如果偶然遇見其他人才評估者，你會善用機會，和他們聊聊何謂人才。鑑別人才能力的養成，需要在日常生活中持續觀察實驗，不斷測試與精進技巧。請把鑑別人才當成你的日常嗜好之一。

3.科學研究固然重要，但務必詳閱資料來源

我們從探討人才議題的學術論文學到很多，但過程中也發現許多問題。有些人提出的主張看似言之鑿鑿，事實上其研究結果卻無法複製，只適用少數特定的情境，甚至壓根就缺乏說服力。舉例來說，後文中會提到一種名為「恆毅力」（grit）的重要人格特質，這個概念是指追求長期目標的「熱情」與「毅力」，但當你細看研究數據就會發現，「毅力」比單純的「熱情」重要許多。我們必須謹記，千萬不要只看研究結果就妄下定論，而是應該仔細檢視研究方法、審視引用文獻深度、評估研究品質和明確度，以及檢驗研究結果是否與從業者的見

證一致等。在此必須特別強調的是：我們有時候主要得依賴個人的直覺與經驗，而非研究結果。

除此之外，我們也鼓勵你對商業管理書籍中常見的誇張看法存疑，尤其是「研究發現能讓你變得更好的一個（或是三個）關鍵」之類的說法。你一定要問：這在哪個領域行得通、在哪個領域行不通？這在什麼時候可以成立、什麼時候不行？如果你不了解一個特定主張在何時何地會行不通，那麼你多半壓根不了解那個主張，自然不該輕易相信與依賴它。能培養你對人才敏銳度的，絕對是對於背景脈絡的了解。

套用一個近來因愛爾蘭科技新創者兼Stripe執行長派屈克・柯瑞森（Patrick Collison）而流行的知識論用語，我們兩人都是「易誤論者」（fallibilist）。也就是說，我們將告訴你一些你以為自己知道，但實際上並不正確的事情。舉例來說，就很多工作而言，智力與智商遠遠沒有許多聰明人認為的那麼重要。揚棄錯誤知識、對未知抱持開放態度，是成功發掘未被發現人才的兩大關鍵。

4. 克服人才評估者的兩難處境

最後我們得說，發掘人才真的不輕鬆，也不簡單。大多數職缺都是錄取者寡而應徵者眾，所以你最終可能只能讓一位應徵者感到滿意。身為一位優秀的人才評估者，你總是在對

絕大多數人說「不」，這等於是在告訴他們：「我們不會因為鞋子或學歷不夠漂亮而拒絕你，真正的問題出在**你**身上。」即使是出於職責所在，而且長遠來看，這樣做對被拒絕者們比較好，但整個過程依然很難讓人感到自在。

如果你希望創建或領導一間公司，就需要學著克服一切潛在焦慮，全心投入其中。把每個人視為獨立個體來進行評估、逐一指出他們的弱點，這樣做確實有些殘忍，但總好過於依賴群體刻板印象，而且當你發掘出優秀人才，其實是在幫助世界變得更好。話說回來，我們不會假裝這是一本讀起來令人輕鬆愉快的書，在提升鑑別他人才華與道德能力的同時，多半也會提升你無情挖掘他人失敗因素與特質的能力。然而，這就是知識的重擔。

要能正確使用本書，你必須採取一種辯證式的視角。在評估一個人時，應該盡量發掘有助於成功及可能導致失敗的個人特質，並請不要害怕兩者會相互牴觸。當你擁有新的平衡觀點，才能對人才採取多重視角，將正面效益發揮到極致。如此一來，你將找到能夠協助你達成使命的人，同時幫助他們朝向各自的人生目標，邁出嶄新的一步；而不是把他們導向錯誤的道路，害他們之後得要回頭重新開始。

| 2 |

如何面試與提問

最近我們常在面試時，向應徵者提出的問題是：「假日或閒暇時，你的瀏覽器通常會開啟哪些分頁？」

這個看似簡單的問題，其實已經同時觸及對方的思考方式、興趣喜好，以及工作之外的時間安排。也就是說，透過閒聊的方式，你正在探索一個人通常隱而不顯的內在偏好。

了解對方閒暇時都在做些什麼，對於判斷他是否勝任高階工作尤其重要。頂尖人才不會長時間停下自我精進的腳步，如果你發現一個人不太會利用閒暇時間自主練習及學習，那麼他多半不適合承擔高位，更不宜對他抱持太高的期待。詢問對方通常開啟的瀏覽器分頁問題能夠幫助你看出端倪，但又不會像「你工作時有多努力？」或「你在工作之餘，有多努力於提升自我能力？」之類問題，可能會讓對方感到尷尬，而且容易誘導出虛假誇大的回答。

如果你想知道的話，身為作者的我們可以大方分享各自經常開啟的瀏覽器分頁。科文在寫作當下開啟的瀏覽器分頁包括：撰寫部落格的軟體、兩個電子郵件信箱、Twitter、寫這本書使用的 Google Doc、另一個寫作計畫的 Google Doc、WhatsApp、行事曆、一位朋友的部落格、一篇關於量子運算的文章、他的 RSS feed、關於西洋棋的 podcast、一篇談論生命科學進展的文章、一篇談論線上面試的文章、法國國際廣播電台（正播放牙買加 Dub 音樂），以及一篇談論波蘭國內移居的文章。

葛羅斯開啟的瀏覽器分頁則包括：電子郵件信箱、行事曆、WhatsApp、通訊軟體 Slack、兩篇心理學研究、播放著搖滾樂的 Spotify、Reddit 論壇進階跑步區、一個新的 Pioneer 功能，以及程式相關知識問答網站 Stack Overflow 上，一篇關於如何修復莫名程式錯誤的文章。

好的，現在請大家根據上述資訊，做出決定聘用或開除我們的最佳判斷吧！

人的真實性格會在週末時顯露

我們還有一個發現，就是詢問應徵者「閒暇時的愛好」，會比詢問「工作時的表現」來得有趣。所以，「你喜歡看哪類

主題的部落格？」通常會比「你上一份工作的表現如何？」來
得合適。我們十分欣賞穆罕默德・霍佳（Mohammed Khwaja）
與亞歷山大・馬提克（Aleksandar Matic）發表的研究論文標
題：〈一個人的性格會在週末時顯露〉（*Personality Is Revealed
During Weekends*）。過去許多學者或企業為了分析使用者的人
格特質，得花上幾週、幾個月、甚至幾年的時間，來蒐集大量
個人使用社群網站及智慧型手機的行為數據。但霍佳和馬提克
發現，只要蒐集使用者週末期間的行為數據，不僅同樣能夠有
效推斷使用者的人格類型，而且短短幾天就能完成數據蒐集與
分析工作。畢竟如果一個人真的充滿創意，從他運用閒暇時間
的方式就能夠明顯看出來。[1]所以，請容我們再次重複這個美
妙的論文標題：「一個人的性格會在週末時顯露」。

　　根據研究發現，小提琴練習者能否脫穎而出的關鍵，在
於他們平日的練習方式。那麼請猜猜看，哪一類練習最能預
測成功？答案並不是「老師指定的練習」，而是小提琴練習者
「自動自發進行的自主練習」。當自主練習成為日常習慣，就
能為自己開啟一條持續增進學習與表現的康莊大道。

　　因此，請務必試著了解應徵者閒暇時是否培養自我精進
的習慣，這不僅能幫助我們看出一個人未來發展的可能性，還
能了解他對自我提升的重視程度。如果你發現對方支支吾吾的
說不出自己練習了些什麼，請別太意外，這種情況我們已經遇

過無數次。你或許可以考慮幫他們一把，建議他們日後以更有系統的方式，妥善安排對於某項活動的自主練習。[2]

　　還有一個很好的指標，能從「時間分配」來預測個人的未來實際發展，也就是創投公司Y Combinator前總裁、現任OpenAI執行長山姆・奧特曼（Sam Altman）所謂的「回應速度」。以下摘錄自二〇一九年時，科文和奧特曼在podcast上的對談。[3]

　科　文：為什麼迅速果斷的回應，是判斷創業者能否成功的重要特質？

　奧特曼：這是個好問題。Y Combinator最有趣的地方，就是我們擁有更多關於頂尖創辦人與差勁創辦人樣貌的資料，這是古往今來其他組織難以企及的地方。根據這些資料，我可以很有自信的說，「創辦人是否迅速果斷」與「創業是否能夠成功」兩者間確實密切相關。

　　　　　身為創辦人，如果缺乏行動迅速且果斷的特質就很難成功。至於**為什麼**，目前我也無法完全確定，但我認為新創公司最大的優點（或許是唯一的優點），就是它的反應比大企業更敏捷、更迅速，能夠在尚未取得完全共識的情況下做

出決策，立即集中資源投入眼前商機。這就是
新創公司能夠擊敗大企業的關鍵所在。

科　文：別人要多快回覆你的電子郵件，才能算得上是
迅速果斷的回應？

奧特曼：你知道嗎，多年前我有撰寫一個小程式來研究
這個問題，看看頂尖創辦人（市值超過十億美
元以上公司的創辦人）回覆我電子郵件的速度
有多快。我不記得確實數據，但頂尖創辦人與
差勁創辦人的回復速度差距相當懸殊，大概是
像「幾分鐘」和「幾天」那樣的巨大差距。

從本質上來看，回應速度的快慢，取決於個人與世界互
動的習慣，以及對特定事項的關注程度。如果你提出的問題，
並不在對方的優先考慮清單中，那麼與他合作肯定不會是正確
選擇。無論你的層級高低，請考慮至少對部分問題做出快速回
應，尤其是如果你想繼續與對方保持對話時。

以非結構性面試為目標

學者往往將面試分為「結構性」與「非結構性」兩種。
「結構性面試」會事先確定一組共通適用的問題，然後在各層

級或部門分別實施，並依循共通的標準，對應徵者的回答進行評斷，這對大型機構而言非常重要，是官僚主義式人才招募的基礎。此外，有些工作還會特別重視測驗、文憑與推薦函，例如空軍飛行員必須通過視力和反應力測驗。不過這裡必須再次強調，結構性面試並非本書所要探討的內容，我們的專業是透過個人判斷力來辨才、識才，所以在本章與下章之中，我們會把重點放在如何與應徵者交談，以個人為基礎進行提問。並在之後的章節中，探討如何依應徵者的文化、種族、身心狀態差異來調整這些策略。[4]

「非結構性面試」儘管和「結構性面試」同樣具有明確目的，但進行面試起來卻顯得更為自然、更像一般日常對話。你所應徵的職位愈高，面試內容通常愈傾向非結構性。例如，如果你徵的是出納員，該職務所需的能力很容易標準化；但如果是執行長想找一位幕僚，那麼個性契合程度就顯得更為重要。實際上，幾乎所有面試都有非結構性的部分，無論面試性質為何，我們都建議能以此為目標。當一個職務需要的是具備獨特才能、有能力掌握業務全貌的人才，就需要採取更深入且更自由的面試風格。

假設現在你和求職者共處一室，有半小時可以對談，你要怎麼判斷這位應徵者是否為最合適的員工、最佳的企業夥伴，或是某獎學金實至名歸的得主？面試的關鍵在於人與人的

交流互動，如果你無法進行有效的互動，就無法看穿面試時大家常見的虛張聲勢、自我美化，甚至是招搖撞騙。面試時，你可以問對方已知宇宙中的任何事（當然還是要以合法為前提），來探索你希望知道的任何面向，這是多麼棒卻又多麼困難的工作啊！

在正式開始談如何面試之前，我們先來回顧反對面試者的論點，看看這些論點的價值與局限。

面試重要嗎？

是的，面試非常重要。

你可能讀過一些文章，例如幾年前，莎拉・拉斯科夫（Sarah Laskow）在《波士頓環球報》（*The Boston Globe*）寫的〈想找到這份工作的最佳人選嗎？不要面試〉，或是傑森・達納（Jason Dana）在《紐約時報》（*The New York Times*）所發表的〈工作面試完全無用〉。這類報導的論點很簡單，就是宣稱面試無法讓你看出哪位求職者較能勝任這份工作。這讓有些人開始懷疑，是否值得花時間去面試和提升面試技巧。

然而這類「面試無用論」並沒有抓到重點。即使在最不理想的情況下，面試依舊能幫你快速排除不適合的應徵者。幾乎所有大公司都會進行面試，正是因為面試能夠為我們帶來有

用資訊。[5]

　　最重要的是，那些對面試抱持否定態度的研究，數據來源往往是針對技術性較低、機械化程度較高的低階工作所進行的非結構性面試。這類研究的唯一價值是，提醒我們**面試方式還有進步的空間**。即使平均來說，面試未必有助於找到真正的人才，但那畢竟只是「平均值」，而非「可能性」；只要你比一般人稍微能幹一點、聰明一點，就能輕鬆超越平均值。大家的面試能力普遍愈差，你就愈有理由相信：在這世上，還有很多才氣縱橫的人等著**你**去發掘。

　　許多研究顯示，較高階的職缺透過面試徵人會較為有效。所以，如果你想聘用一位經濟學家，科文認為在面試時問應徵者一些嚴肅的經濟關鍵問題，是評估他們專業能力的好方法。如果你考慮資助申請創業投資的人，葛羅斯相信有必要透過面試問問他們的營運計畫，看他們如何提出願景、如何說服你這個計畫具有美好前景；如果他們無法打動你，多半也無法吸引優秀人才加入團隊。事實上，反對面試的聲音大半來自學術界，正因為他們往往忽略這個顯而易見的事實。

　　何況，面試不只能找到所需的人才，還能幫助你和你的公司傳遞正面形象；即使是沒被錄取的那些應徵者，也能藉由面試，對這間公司留下深刻的良好印象。所以，請不要試圖跳過或貶低面試這個步驟。面試是必要的，而且多虧大部分組織

還在依賴不用大腦的官僚主義式面試，應徵者對你的期待非常低，而你所能獲得的報酬卻非常高。

面試最重要的第一法則：讓自己值得信任

　　有件事情很重要：別把面試視為企圖拐騙或難倒他人的過程。首先，這樣的行為本身就很不好。再者，一旦對方發現你的意圖，多半會萌生戒心，很難再信任你，如此一來，你將更難判定這個人是否是該職務的最佳人選。更糟的是，如果他真的是最佳人選，在缺乏互信的基礎下，想要他加入你的團隊將會非常困難。

　　因此，我們建議的面試做法第一步，是先從設法建立彼此間的共同基礎開始。對話主題取決於你們的共同背景，可以聊聊彼此相同的嗜好、興趣或生活過的地方，也可以問對方目前工作或閒暇時在做的事情。另一個方法是根據你對對方之前職涯歷史的了解，提出一些具體的問題；更重要的是，那個問題應該是**你真正想知道答案的問題**。例如，如果應徵者之前在克里夫蘭的滾珠軸承工廠工作，請先問問你自己，比較想了解的部分究竟是滾珠軸承，還是克里夫蘭。接下來你追問的每個問題，同樣應該是你真正感興趣的事情。

　　當你真心傾聽對方的回答，對方也將變得比較沒那麼緊

張與拘束；更重要的是，這同樣能讓你變得比較放鬆。如此一來，彼此都能開啟探究模式、好奇模式、閒聊模式及學習模式，而這樣的互動方式將表明你是真的願意傾聽有關對方的所有事情，同時也在鼓勵對方自在的以相同方式回應你。最重要的是，這樣做能讓你擺脫沉悶無趣、勾心鬥角、虛偽作態的制式面試場景。

多數人天生具備察覺虛情假意的能力。如果你不想讓人覺得虛假，唯一辦法就是：透過真心誠意來獲得他人信任。當我們真心渴望得知對方的想法，他們才會真正暢所欲言；而當我們真心對對方感興趣，他們才會開始真正信任我們。你依舊可以向對方拋出困難的題目，也可以對邏輯不通的回答進一步質疑、追問，但重點是：一定要出自真心真意。

進入閒話家常模式

如前所述，打從一開始就避免虛情假意，有助於讓應徵者盡快進入閒話家常模式，而這也是面試的最高指導原則。此處我們指的是如何在面試情境之外的談話，讓應徵者自發性呈現自我，有助於互相理解。

「自發性」一詞聽起來是不被勉強，事實上確實如此。透過閒話家常模式，你會更明白應徵者日常生活中和他人互動的

方式。然而，這並不代表你能了解「一個人真實的樣貌」，因為即使開啟閒話家常模式，應徵者對於要呈現哪部分自我給外界看，仍會受到許多有意識和無意識的操弄，進而反應出某些訊息、某種神態與情感、某個動作，以及受過訓練的社會習慣。儘管如此，你還是能見到「偽裝之人的最真實版本」，那比努力解讀精心準備的面試答案更有價值。

到底該如何讓應徵者進入閒話家常模式？以下是我們提出的幾個建議，就從葛羅斯最喜歡的建議開始說起。

1. 讓應徵者說出自己的故事，而不是背誦事實或罐頭答案

你可以設計出能引導應徵者說故事的簡單問題，例如：「今天早上你做了什麼事？」就是個還不錯的問題，可以在不讓對方覺得受威脅的前提下，開始認識一個人。你聽到的故事反應出應徵者如何組織想法、加入情緒向度、安排故事情節，以及選擇故事要點。說故事也迫使應徵者展現出意識到聽眾的存在，也就是說，他們意識到同處一室的你和其他人的存在，以及你可能為互動帶來哪些理解與背景脈絡。你可能會好奇：這有什麼重要呢？幾乎所有需要人際互動的工作，都會將意識到觀眾存在視為一項重要能力；更直白的說，說故事摻雜某些虛假的成分在內，而對多數工作而言，適度的虛假是必要的。

透過這個過程，你同時在考驗應徵者對於面試的本質了解得有多透徹。

要當場編出完整的故事並不容易，所以當你請應徵者說一段故事時，或許有些相關的細節會遭到更動，但是你仍然能聽到某種程度的事實。如果你問：「請詳細告訴我們，同事曾如何表示對你的欣賞與感激。」幾乎每個人都會告訴你實情，那是因為說故事模式會讓我們專注在故事的諸多細節與特定的結構特點上，這使得說故事的人要說謊沒那麼容易，因為這需要同時兼顧太多訊息。相反的，單純回答事實性問題，應徵者就比較容易說謊。譬如，當你問：「你在上一份工作受人歡迎嗎？」如果你聽到對方回答：「噢！是啊，確實如此，我的同事們都很喜歡我。」（諸如此類的回答，葛羅斯和科文可聽多了。）

有時候，你面試的對象可能是曾經歷過創傷的「倖存者」。例如，也許他們之前在你提問的那份工作職場上遭受性騷擾。葛羅斯就曾問過求職者有關之前的工作經驗，結果對方語帶緊張的回答，暗示過去曾在職場遭到性騷擾。雖然我們永遠不會知道事情的真相，但至少你應該知道對這些人而言，他們所說的故事不一定是全部事實，或許也不是完整版。所以，請善用你的敏銳度，在他們的反應中找出情報，而不只是迴避或閃躲，尤其如果你感受到事有蹊蹺，或是如果你直覺認為事

情並不單純。此外,如果你已經造成對方的緊張,不要再繼續
叩問下去,想想你應該怎麼問,才能緩和對方的緊張,例如設
想對方真正想談論的主題是什麼,並朝著那個方向移動;或者
試試看問個沒有標準答案的問題,例如詢問求職者喜歡在腦海
裡解決哪一類問題。

記得,無聊是會傳染的。平淡無奇的問題,只能引出平
淡無奇的答案。盡量不要問有可能事先設定好說詞的問題;不
要問應徵者在上一份工作有哪件事做得好或做不好;不要問應
徵者是否在職場上好相處。每一位來面試的應徵者對於這類問
題都有備而來,測試他們的準備度固然很好,某些程度上也是
必要之舉,但這類問題很容易回答,也相對也較容易評判。而
正如前文所述,本書目的在於協助你測試應徵者的珍貴特質。

以下我們提供一些問題,不但能讓應徵者說出故事,也
可能誘導出相對有趣的答案:

- 今天早上你做了哪些事?
- 在認識的朋友之中,離你居住的地方最遠的距離是多
  遠?
- 在你的人生中,曾做過哪些奇怪或不尋常的事?
- 如果我致電你的推薦人,他有可能會告訴我哪些你的
  事?

- 如果我是精準媒合的 Netflix，我會推薦給你哪一類電影？為什麼？
- 你覺得自己和目前公司裡的同事有哪些地方不同？
- 你對哪些觀點深信不疑？甚至深信到不理性的程度？
- 你如何為這場面試做準備？
- 你喜歡哪些 subreddits、部落格或線上社群？
- 你有哪些小眾嗜好？

請注意：當你問這些不常見的問題時，通常對方會靜默好長一段時間，然後講出一些不相關的答案。這是好現象！這表示應徵者毫無準備，需要一點時間思考。你最好給應徵者（這時他們可能很緊張）一些時間，充分思考過後再發言，策略之一就是再複述一次問題：「很好。還有哪個原因讓你想在這裡工作？」另一個策略就是以自己為例解釋情況，例如：「目前你可能沒有個好答案，那也無妨！當你在思考時，容我分享一個我的小眾嗜好……。」

一旦應徵者把話匣子打開，開始滔滔不絕，你的任務才真正開始：評估他們的回答與箇中訊息。要能做到此事，必須仰賴你對於認知及人格特質相關的廣泛知識，以及長期訓練有素的直覺。不妨從考量他們整體的機敏特質開始；顯然在所有的工作上，足智多謀都很受用，特別在出現危機或時局艱困

時。而當你測試應徵者是否夠機敏之時，不管你對特定回答是否失望，請繼續觀察應徵者如何能在接連不斷的回應中，運用其智力和情緒資源。對於有些應徵者來說，不管你把他們逼到什麼樣的程度，他們依然能夠持續展現創新的回答，由此我們可以推知，這名應徵者將能在工作上展現多大程度的聰明才智與活力。

葛羅斯的公司曾舉行比賽來選出他們投資的對象。一群潛在的創業者被要求玩一系列線上遊戲連續好幾週，過程中他們的進展和投入程度都被記錄、追蹤下來。這個比賽考驗其技術能力、專心致力的精神以及競爭意識，在科技新創的世界裡，這些都是重要特質。葛羅斯也喜歡在面試時請應徵者分享對於「先驅者錦標賽」（Pioneer tournaments，葛羅斯用來選出Pioneer最終投資對象的比賽）的批評，看看他們批評的道理何在，以及他們是根據什麼來回答。當他們含糊其辭而不是提供目標明確的回饋方法時，或者當他們選擇對整個科技產業發洩不滿時（這個反應很常見，表示他無法聚焦），他比較會有所疑慮。他想看到的評論是，具體明確且直言不諱的提出改善Pioneer比賽的想法。

葛羅斯也會把應徵者的回答置入相當特定的框架裡。當應徵者闡述自身情況時，葛羅斯會不斷自問：**這個人想向誰證明自己成功？過去為誰而表現？他覺得給誰留下深刻印象是重**

要的？是父母、某個特定的同輩、高中朋友或前老闆？當你觀察到應徵者選定從某些角度透露過去的成功與失敗經驗時，就能回答上述這些問題；多做這類觀察，你可能會很訝異於諸如此類的訊息在面試情境中出現的頻率。譬如，應徵者可能會提到他的大學老師曾鄙視或不欣賞他的創新做法，或者是應徵者還深陷在自己兒時父母看待他的方式。你可以從中知道應徵者的發言脈絡，讓你更全面了解他們的企圖心與世界觀。舉例來說，如果他想證明自己成功的對象是高中同學，那麼他確實是有明確目標，但這也表示他們無法了解貴公司背後的大局，也很難掌握放眼全球的雄心壯志。最重要的是，你要從中區分出哪些人還困在過去，哪些人已經從過去汲取教訓，並朝向未來人生勇敢邁進，試圖創造自己的影響力。

2. 不要高估應徵者表達能力的重要性

我們多半偏好口齒伶俐、能言善道的人。但是請不要忘了，正因為這樣的偏好，你也可能聘用油腔滑調卻沒有真材實學的人，反倒忽略那些拙於言辭的稀有創意人才。不要高估應徵者表達能力的重要性，反而要把重點放在他們回答問題的實質內容與品質。許多很符合資格的應徵者不一定那麼機敏，他們也沒辦法即興脫口說出條理分明、娓娓動聽的句子，但他們回答的內容卻相當有料，這點請務必留意。

也許你見識過美國人有多喜歡英國人的口音；我們對於聘用英國人沒有意見，但是在職場上，說話的口音其實不是最重要的事，就像有些美國人可能會有德國口音很「笨拙」或法國口音很「柔弱」之類的想法，說話口音真的不應該被視為一個人的個性或特定智力評量的準則。可惜的是，很多人經常會把口音與語言流利度混為一談，有時甚至把口音和智力畫上等號。同樣的，當我們注意到應徵者的嗓音音高不尋常，或是他們說話時有特殊韻律時，請不要太快就認定他們是「怪人」，原因一來是你無法就此得出可靠的推論；再者，「怪人」很可能是表現最出色的員工。

你可能會遇到有時候似乎無法通過圖靈測試（Turing test）的應徵者，換言之，這些應徵者的判斷力不足，無法證明自己是人類，而非不完美的軟體程式，例如有時候Siri也會因為題目太難而無力招架。然而，如果應徵者無法通過圖靈測試，那就要好好考慮了，因為許多工作要求最低限度的特定類別語文流利度。不過，還是要進一步了解情況，而非只是剔除那位應徵者。才華洋溢的艾倫·圖靈（Alan Turing）本人似乎也不覺得自己的表達能力好或反應敏捷，然而他是當時首屈一指的數學家、電腦科學家、邏輯學家及密碼學家。他非常擅長處理訊息，其等級與我們用來產生迷人、隨興對話的能力並不相符。[6]

葛羅斯也發現，有些應徵者會使用一些特定對策來保持

專注，並想出好答案。他通常會把這些對策稱為「觸發點」，類似運動員會用心理觸發點讓自己做好準備，以求在表現時保持良好狀態。例如，舉重選手在舉重前可能會想著「挺胸」；有時候可能是微小的肢體動作，比方說，應徵者會端正坐姿、深呼吸一口氣，或是聲音變得比較嚴肅。有些應徵者則會使用一些負面觸發點，例如當應徵者亂了陣腳時，你可能會聽到他的聲音出現變化，或是開始不斷重複談話內容。當你遇到這種狀況時，不妨問問自己：應徵者想在面試時營造哪種印象？他們想藉由哪種方法來達成？他們的策略有效嗎？這個思考將有助於你建立起對於眼前此人更深入且確切的形象。

3. 留意應徵者的言談特質

為了充分了解應徵者，不但你問的問題很重要，就連問的方式也很重要。你問的問題當中，至少有一些要讓對方措手不及。拋出問題後，不要害怕讓問題懸在那裡片刻；讓緊張感持續，清楚表示你要答案，並且是明確的答案。不要用焦慮的笑聲、太明顯的眨眼，或是別過頭去來降低緊張感，不要有任何會模糊當下焦點的舉動。不要怕繼續直視應徵者，但也不要以不友善或過於挑釁的眼神看著對方。一言以蔽之，輕鬆以對，但是保持專注。如果應徵者想迴避問題，請再問一次。

很多面試官覺得「堅持要對方回答」這個策略讓人不自

在，甚至有一點不厚道。或者當應徵者很明顯在逃避回答時，很多面試官會不由自主想藉由改變話題來緩和緊張局面。但我們建議你持續關注，甚至強調回應的內容，如此一來，你能看到應徵者面對壓力時如何回應。更重要的是，你就能確保每個問題都能產生最大訊息量的答案。

當你提出問題並聆聽應徵者的回答時，請注意他們是否運用不尋常的措辭、創造出自己的語彙、用與主流截然不同的方式解釋基本概念、說起話來好像在生產好用的迷因、言談有不尋常的節奏，或是能夠創造出一套獨特的世界觀。有些人一開口說話，不管談論的主題為何，似乎就能把你拉進他們的世界觀裡；那幾乎就像在變魔術，你彷彿踏入出他們製播的電影、電視節目、電腦遊戲或圖像小說裡。如果你感受到這樣的面試經驗，這可能代表他們很有活力和創造力。

譬如，當我們各自初次遇到PayPal創辦人提爾的時候，都注意到當他在介紹和應用諸如「科技大停滯」（technological stagnation）、「無法想像與現在截然不同的未來」、「喬治主義經濟學」（Georgist economics）以及「吉哈的代罪羔羊」（the Girardian sacrificial victim）概念時，他有多麼投入在自己的解釋裡，還能迅速、有效的把聽眾拉入他的世界觀。雖然你不知道上述所有概念指的是什麼，也許其他聽眾也都未能通盤了解，但那不是重點。提爾的論點有其邏輯，也發揮最大的說

服力來傳達他的邏輯，讓聽眾正確的感受到他連貫的世界觀，包括失去的活力、悲觀主義，以及人們亟欲模仿他人及其習慣等主題。當提爾在與科文的公開對話中提到「對於耶穌基督的史陀式解讀」時，每個人基本上都贊成並極度專注的聆聽他的想法，儘管真正理解他談論內容的人大概沒幾個。

然而，應徵者展現出自成一格的語言並不一定有加分作用，尤其當待聘職缺是要求低度創意、高度勤奮的工作時。但如果你在找的是帶領企業更上一層樓的事業創辦人、企業家、特立獨行者或高生產力知識分子，那麼能夠創造和掌握語言，或許就是一個重要的加分特質。這表示你可能找到真正具有創意、領袖魅力及生產力的人，也正是那1%或2%的鳳毛麟角者，能夠為世界開創偉大的事物。

的確，即使應徵者擁有自己獨特的語言風格，也未必保證能夠獲得成功；即使應徵者能透過語言開創出一片屬於自己的天地，也無法保證這個新的、原創的世界就是好的，更不見得符合身為雇主或投資者的你想達成的目標。但這是一個重要的訊號，告訴我們應該進一步了解眼前這個人，因為他也有可能是個開創性人才，能為世界帶來驚天動地的深遠影響。

順道一提，熟稔人文科學知識、大量閱讀小說、精通雙語或三語，能夠讓你更容易找出創造性人才。原因很簡單，如果你要辨識一種自成一格的獨特語言風格，過去你曾接觸的那

些語言往往能派上用場。了解莎士比亞的語言可能大有幫助，因為他的語言風格無論對當時或之後任何時代來說，都是如此獨樹一格。精通法語、西班牙語、印地語、華語或任何其他你可能學過的語言，也都可能適時助你一臂之力。除此之外，請不要忽視流行文化語言，像是《歡樂單身派對》（*Seinfeld*）、《辛普森家庭》（*The Simpsons*）、《冰與火之歌：權力遊戲》（*Game of Thrones*）與《瑞克和莫蒂》（*Rich and Morty*）等影集，它們都擁有自成一格的韻律和語言，一如過去許多文化傑作。這正是科文之所以大力提倡應盡可能學習不同「語言」的原因，這樣做不只為了深化你對世界的理解，更能提升你的人才辨識能力，有效評估應徵者所展現的語言與文化符碼。

4.改變面試進行的地點

　　試著將面試地點移師到咖啡館或餐廳，和應徵者去散個步或一起坐在公園長椅上。你可以在面試的過程中換地點，或把整個面試安排在那裡進行。在任何情況下，不同的情境可以讓你看到應徵者對於意料之外變動的反應，也可以輕鬆轉向更對談式的交流。這樣的面試模式也能讓應徵者比較難保持強烈的防禦心。應徵者無法用面試模式來和服務生或收銀員交談，所以你就能見到他的另一面。此外，一旦應徵者對服務生用比較自然的方式說話，當他跟你交談時要再轉回防禦模式，就會

比較困難。

新場景能為你創造機會，詢問應徵者一些不可能事先準備的問題：「你覺得這裡的服務如何？」或是「你覺得這裡和室內環境有何不同？」你製造機會給應徵者表達情緒、流露不滿、以及評估始料未及的全新環境，而這全都以相對來說不加過濾的形式進行。對於應徵者來說，也根本不可能依賴事先準備來面對這些狀況。

新的面試環境也可能會帶來一些意外的隨機事件，而那是坐在面試室中不可能遇到的。譬如，在星巴克裡找不到空位，那麼應徵者會有什麼反應？他們會主動提出下一步行動的建議，還是會依賴你？如果櫃台排隊的人很多，結帳速度緩慢，他們什麼時候會顯露出不耐？最棒的是，如果服務生把飲料灑在他們襯衫上，他們會有何反應？（雖然我們不建議事先安排這個橋段啦！別忘了，要友善喔。）

當然，如果時間或環境不允許你在面試上做這類變化，或許你可以暫時轉換面試場域。至少，如此一來就可能重新安排座位，即使還是同一群人參與，對話的本質也會跟著改變。

此處的重點在於，最棒的面試根本不是正式的面試。我們確信你可以想出其他有創意的方式來讓應徵者脫離傳統面試模式，進入他們日常的自我樣貌。這件事很重要，因為要是你聘用他們，你會見到的是他們日常的自我。此外，非工作場合

通常會引導出更透露真性情的對話，因此，不妨試著和應徵者一起去看一場籃球賽吧！很有可能最終你們會在中場休息和暫停時間聊工作的話題。或者和應徵者一起去跑步。更老派的做法是一起去打場高爾夫球。不管如何，保持開放的態度，去做點可能超出一般招聘流程的事情。

5. 具體明確的提問，並使用強制的問題

對於面試，優質的經驗法則如下：如果你運用在求職面試書籍或網站上的問題進行提問，很有可能你只是在測試應徵者的準備程度。誠然，某個程度上問那些問題也無妨，但是不要和更進一步的深刻理解混為一談。

以下推薦幾個我們認為較不尋常的問題；當然，最後你要問的問題還是要視情境而定，在本章的「評估後設認知能力的最佳方法」小節中，還有更多範例題：

● 你的配偶、伴侶或朋友會用哪十個詞彙描述你？
● 你做過最勇敢的事情是什麼？
● 如果你加入我們公司，但三到六個月之後就離開了，會是什麼原因？（或者問相同的問題，但把時間改成五年後，看看兩者答案有何不同。）
● 你小時候喜歡做什麼？（這題能問到他們真心喜歡做的

事，讓對方回到世界對他們頤指氣使之前的時光。)[7]

● 你覺得在上一份工作有受到賞識嗎？你覺得自己在哪方
面最不受人欣賞？

你會發現，這些問題都在問相當特定的訊息，也都要應
徵者講故事、流露本色。至於最後一個有關於不受賞識的問
題，可能會讓許多人在回答問題時無法克制自己的情緒。一般
來說，請小心使用太多負面字眼的應徵者；那表示未來在職場
上，他可能會造成麻煩並缺乏合作精神。即使應徵者上一份工
作的負面經驗不全然是他們的錯，你也希望評估他們從負面經
驗中往前進的幅度。然而，如果你面試的對象是未來的老闆或
創業者，那麼負面言詞可能不見得是壞事，因為在那種情況
下，你在尋找的可能是一種完全創新的「討人厭」特質；即使
如此，太常使用負面字眼的人還是需要我們三思。特別留意髒
話，還有過度使用「恨」字，以及過度談論誰的心情因此受傷
和不滿的合理性及其原因。

另一個把焦點放在具體細節上的方法，就是測試應徵者
對於你的機構有多了解。任何對這份工作認真以待的人，都會
對你的明星產品或服務有基本的了解，所以針對此事提問不太
能看出什麼端倪。那麼，不如看看應徵者如何集中精力在思考
組織面臨的關鍵與挑戰，例如你可以改問應徵者：「**我們的競**

爭者是誰？」

　　Netflix前執行長里德・哈斯廷斯（Reed Hastings）有句話很有名，他說Netflix最大的競爭對手是「用戶的睡眠時間」，而不是提供相同服務的其他企業。他確實成為贏家。

　　科文這麼告訴莫卡特斯中心（Mercatus Center）的同事：你的競爭對手是Google，而不是其他市場研究機構，因為如果大家想知道什麼就會上Google查詢，而不是去問任何一間研究中心。所以，你最好讓成果容易在Google上被看到，甚至是在大家上Google前，就把他們引誘到你那裡去。

　　對葛羅斯的Pioneer而言，最大的競爭對手不是另一家創投公司，而是要冒著頂級潛在客戶可能比較想在一家好公司拿穩定的薪水而忘記了更遠大計畫的風險。（過著舒適但不那麼有挑戰性的生活就這麼糟糕嗎？）葛羅斯明白，建立一家新公司的神祕感和快感，必須超越現狀的慣性以及更輕鬆的預設值，他也明白自己要為創造新事物的願景發聲負部分的責任。

你應該避免哪些老掉牙的問題？

　　佩姬・馬凱（Peggy McKee）在二〇一七年出版的《如何回答面試問題》（*How to Answer Interview Questions*）中，列出一百多個常見的面試問題。以下摘錄其中幾例：[8]

- 舉一個你在工作上超越自身職責的例子。
- 你如何應用自己的特殊技能，幫助組織達成永續成長並產生收益？
- 你如何處理工作上的壓力？
- 你喜歡或不喜歡之前工作的哪些面向？

這些問題對你來說可能太過普通，你還想看看有沒有更進階一點的題目。於是，你到 Google 上輸入關鍵字「讓應徵者完全卸下心防的十五道最受歡迎面試問題」，就會搜尋到一篇傑夫・海登（Jeff Haden）所寫的文章，以及一整份問題清單。摘錄部分內容如下，真是乏味到讓人呵欠連連：[9]

- 你最珍惜的失敗經驗是什麼？
- 如果你能回到五年前，會給當時的自己什麼建議？

事實上，史丹佛大學有一門課是開給工程師，探討如何有效準備面試，以及回答面試中可能被問到的問題。[10]他們必須做好準備回答類似這樣的範例題：

- 你最大的弱點是什麼？

毫無疑問的，多數人已經準備好這題的答案，尤其當你面試較高階職位的應徵者時，他們多半有備而來。當我們在面試場合不只一次聽過（是其他面試官問的，我們並非發問者）類似這樣的回答：「我覺得自己最大的問題，就是有時對工作太過盡心盡力。」試問我們能從這樣的答案得到多少情報？大概只能得知對方多半讀過某本傳授面試技巧的書籍吧。

如果你想問應徵者過去的實際成就表現，但不想聽那種早就準備好的答案，方法就是不斷追問他還有沒有其他案例，直到對方想不出來為止。所以不要只問一次：「**舉一個你在工作上超越職責的例子。**」因為這樣的問法只能測試對方有沒有做好基本準備。你要重複追問一樣的問題，過程中不要移開目光，不要以笑容試圖緩解緊張的感覺，不要給應徵者轉移話題的機會，更不要停止追問。

當你提問時，多數應徵者會根據準備好的內容來回答。然而，當你一次又一次追問，通常過不了多久，應徵者準備好的答案就已經用完，最終來到見真章的時刻，這時你將看見應徵者的思考深度及情緒穩定度。當應徵者不斷受到挑戰時，他會有什麼樣的情緒反應？他能想出多少個例子？當他陷入困境，實在沒有答案可以說，便會開始瞎扯嗎？他是否能撐住場面？最後，如果某位應徵者真的可以舉出十七項重大工作成就，那麼你多半非常想聽聽第十七項究竟是什麼。

　　對於需要透過創意解決問題的職務來說，你可以重複詢問應徵者還有沒有其他更好的想法。有經驗的工作者多半會準備一、兩個答案來回答這類問題，但被問到第五次或第八次時，他們會怎麼回答？當他們不得不坦承「以上是所有我能想出的好答案」時會有什麼反應？或許有的應徵者會告訴你：「我可以談談我的其他想法，不過我不確定是否夠好。」這時，你已經踏入應徵者毫無準備的未知領域，你將更了解這個人如何思考、如何應對不尋常情況、如何評估自己想法的品質，以及他對自己的整體評價。

　　接下來，你可能還會問：「**你的哪些成就對同輩來說是非凡或獨特的？**」同樣的，不要只問一次。請持續追問，讓應徵者講出愈多答案愈好。如果你遇到有應徵者說出二十三項有別於同儕的成就，哇！那真的非常值得花時間去了解。就算是「我十七歲創辦一家成功的公司」這樣簡單的回答，也十分讓人印象深刻。

　　大概不會有人想聽應徵者大談無聊的商管書或職涯成功學書籍，尤其是他們事先已經準備好的內容。但如果在對話中自然聊起書籍、音樂、電影或其他藝術形式，那麼請務必進一步深入這個話題。以本書的誕生為例，是源自於我們兩個人十分合得來，而我們合得來的契機，則是發現兩人都很喜歡歐森・史考特・卡德（Orson Scott Card）的科幻小說《戰爭遊

戲》（*Ender's Game*）。這本書的內容，其實就是一系列為少年舉辦的人才競賽。在討論的過程中，我們意外的發現彼此同樣喜歡書中的坦率直接、對菁英領導制度的深度探討，以及對人類天賦在多早時能夠萌發與顯露的看法。這本小說精準體現出競爭性、趣味性、同理心、遊戲化和適時承擔必要風險之間的完美組合，絕對稱得上是一本關於人才議題的好書。

　　我們討論到最後，兩人更深刻的認識到對於「人才」這個主題的共同興趣。因此，如果應徵者對於某本書、某種藝術類型，或是某個作品似乎很有心得，那麼請你一定要推波助瀾讓對話持續下去，最終你將能直視此人靈魂。

面試問題的生命週期

　　許多面試問題不免有過時的一天，最終需要遭到摒棄或修改。想想看有史以來最知名的面試問題：「有什麼事情是你深信不疑，但生活周遭其他聰明人卻認為很瘋狂？」這個問題還有其他版本，同樣充滿逆向思考的色彩，例如：「你最荒謬的信念是什麼？」這類問題通常被認為是源自提爾，但似乎最早見於科文在二〇〇六年的部落格貼文。[11]

　　一開始，這類問題非常有效，往往令應徵者措手不及，所以你可以觀察他們對出乎意料情況的反應方式，了解他們的

實際能力及表現。你可以看到一個人能夠多快建構出一套論證，以及能否言之成理。此外，他們的答案大大透露出他們看待世界的方式，你有機會可以得知「這個人是哪種怪咖」。說真的，這類訊息從履歷上通常看不出來，所以具有極高價值。

有些應徵者會自信滿滿的告訴你一些非常普通、安全的答案，並且覺得自己的觀點非常獨特。這種人或許可以成為可靠與順從的「好員工」，但請別期待他們能夠撼動亟待變革的內部系統。如果他們認為「全球化已經擴張過度」就是自己心中最激進、最瘋狂的信念，那麼無論你是否同意這句話，結論都是：他們根本沒接觸過真正具有創造性的想法，就算接觸到也只會視而不見。

科文當初提出上述荒謬信念的問題時，最欣賞的一份書面回答是：「我相信，如果你去海灘卻沒有給大海一親芳澤的機會，那麼大海有機會做出選擇時，就會自己前來索取。」科文後來與寫作者見面後，發現她果然是個相當聰明、有生產力的人，過去在職場上卻被大材小用。

這個問題之所以有效，關鍵在於它的不可預測性。多數應徵者都想討好面試官，願意努力回答任何問題，但當被問到像這樣從來沒想過的問題時，真的很難臨時想出一個像樣的答案，這時唯一比較安全的策略就是：實話實說。說謊的風險太大，之後要圓謊並不容易，而且「我相信蘋果派的糖分過高」

之類的回答，只會讓你顯得更加乏善可陳。臨時亂編一個想法，往往會讓你看起來比實際上更愚蠢，所以多數人會設法說出一個不至於偏離事實太遠的版本。

有一陣子，這個面試問題可以有效指認出真正的「唱反調者」。科文記得當時常會看到應徵者完全啞口無言，實在想不出自己有什麼不遵循常規的看法，於是只好幫他們在心理特質欄位上的「非唱反調者」選項打個勾。

由於這個問題實在太棒了，所以後來被廣泛使用。久而久之，應徵者即使不知道會被問這題，也都是有備而來。畢竟大家都同時應徵好幾間公司，只要被問到一次，下次一定會做足準備。這麼一來，你只能知道這位應徵者做好準備，卻看不出他內心的真實想法。當應徵者只是在展示他認為面試官想聽的內容，這個問題瞬間變成是在鼓勵從眾行為（假裝自己是唱反調者），而無法找出誰才是真正的唱反調主義者。

科文曾經嘗試將這個問題顛倒過來問，雖然能得到的訊息較為受限，但能夠避免前面遇到的問題：

- 你全心全意認同的主流或共識觀點是什麼？

讓我們思考一下這個問題的功能與限制。

首先，這個問題並沒有那麼強烈的針對智力或分析敏銳

度進行篩選，雖然主流觀點未必完全理想，但還是有許多合乎
情理的元素可供選擇。畢竟沒有限制應徵者回答方向，更沒有
要求必須不落俗套，所以對方不太可能全都答不出來；其次，
這個問題不會讓應徵者感受到極度威脅與挑戰；第三，這個問
題有助於觀察應徵者對主流觀點的態度；第四，也是最重要的
一點，這個問題能讓應徵者自在的陳述想法（對這個問題的回
答即使放在 Twitter，也不會造成什麼負面影響），並且表達自
己覺得真正重要的事物（是加速創新？消弭貧窮？還是修補民
主制度的漏洞？）透過這個問題，你可以用不帶威脅的方式了
解應徵者的真實樣貌，看看他們如何定位自我和融入社會，以
及真正重視的價值。對於那些價值導向的工作（例如非營利組
織），這個問題相當有用。

另一組現在過時的面試問題，有時我們稱為「Google 問
題」。Google 向來以在面試時提出高度分析性的問題而聞名，
尤其是在軟體或工程職缺的面試上。以下為幾個例子：

● 一架飛機可以裝進幾顆高爾夫球？
● 曼哈頓有幾間加油站？

或者你喜歡長一點、複雜一點的問題：

● 你拿到兩顆蛋……你可以進入一棟一百層樓的建築物。蛋可能很硬或很脆弱，也就是說，如果從一樓丟下去可能會破，或者可能從一百層樓丟下去還完好無缺。兩顆蛋是一模一樣的。你必須找出在這一百層樓建築物裡，蛋丟下去還不會破的最高樓層是哪一樓。問題在於，你需要丟幾次才能知道答案？順帶一提，在這個過程中，你可以打破兩顆雞蛋。[12]

　　你可以把這些問題想成優質的測試，考驗應徵者一種特別的分析能力，尤其是用來設計成找出聰明人中的絕頂聰明人；也就是從特定數學意義來說的聰明。

　　有趣的是，Google本身已經不再使用這些問題。Google前人資長拉茲洛・博克（Laszlo Bock）表示：「我們發現腦筋急轉彎的問題完全是在浪費時間。」這段話或許說得太過誇張，因為仍然有成功的量化避險基金似乎覺得這類問題對於測試分析能力很有用。不過，對多數工作來說，你直接問關於實際工作的分析問題可能會好一些，例如探究應徵者的經濟、程式設計、數學等等知識。因此，在大多數情況下，「Google問題」已經可以光榮引退了。[13]

　　別忘了，面試的目的是要了解應徵者，腦筋急轉彎問題在這方面助益不大，除非招募的職缺有相當具體的技術要求。

評估後認知能力的最佳方法

相較於「福斯汽車中可塞進多少顆乒乓球？」之類的問題，要留意你的問題不要被拘泥在狹隘的格局中，放大格局通常會更為有用，例如探尋應徵者對自己、對自己在世界中的定位與了解有多透徹。我們建議你不妨詢問下列問題：

- 你最不理性的信念是什麼？
- 你有哪些觀點是近乎不理性的？

這些問題能夠讓應徵者展現自我意識。本質上來說，你正試圖要理解對方掌握多少文化和知識世界，以及他們對自己的觀點有哪些看法。這就是我們所謂的「後設視角」：應徵者正從一個更高、更全面、距離更遠的視角，去思考他們自己的思想世界。而透過你的詢問，正是考驗他們多有想法，以及他們是否能欣然認同截然不同的觀點。

被問到這些問題時，要拒絕回答並不容易。當然**每個人**都有一些滿不理性的想法，而且也許為數不少。但是說出你的不理性想法或必須暴露出你的弱點，有時免不了會讓你尷尬，因為你被迫解釋**為什麼**對這些問題那麼不理性。而且，此時只是機械性的回答並不容易，因為不理性的原因通常都直指人

心。你提出這個問題，就能把應徵者拉入人性化模式、自我意識模式、尷尬模式，甚至還帶著一絲脆弱。當上述事情可以一次到位時，有用的面試訊息可能就會手到擒來。

以下是一個相關且得體的面試問題：

● 你最有可能判斷錯誤的信念是什麼？

而在所有後設問題中，最不留情面的就是這個：

● 截至目前為止，你覺得自己在面試中表現得如何？

還有更殘酷的升級版做法，就是由兩個面試官各自在不同時間點問同一個問題，之後再讓彼此交流看法。這類問題的作用其實是在考驗應徵者，看看他想揭露自己多少弱點。應徵者會開始思考：這時應該鉅細靡遺的詳述自己所有弱點，好讓你讚嘆自己擁有絕佳的自我洞察能力，同時證實你對他的懷疑一點也沒錯？還是應該避重就輕，盡量淡化弱點？你出其不意的提問，不僅能讓應徵者陷入進退維谷的處境，同時也為他創造一個迎接挑戰、大放異彩的絕佳良機！

但我們不太喜歡這樣做，理由如下。假設應徵者選擇只講優勢而避談弱點，那麼你是否應該因為他的規避風險行為而

降低評價？這能否作為可靠的證據，證明他害怕承擔風險？我們覺得答案並不明確，因為應徵者也有可能只是因為還不夠信任你，因而沒有全盤托出，所以我們無法判斷他的行為是出於「信任度不足」還是「過度規避風險」。如果你賦予應徵者風險過高的任務，最終可能會像這個例子一樣，依舊無法得到什麼有用的資訊。我們知道這類問題可能在特定情況下產生卓越的效果，但請務必謹慎運用，不要聰明反被聰明誤。

最後，以下是提爾用過的另一個有效提問：

● 你希望自己能夠多成功？

或者是科文喜歡的變化款：

● 你有多大的企圖心？

這個問題乍聽之下可能有點蠢，但有助於讓對方亮出他的底牌。如果對方回答：「我希望在一家穩健的公司裡擔任中階主管。」那麼他說的多半是真話。這時，你會希望把他培養成中階主管，而不是培養成需要充滿企圖心的企業家或公司創辦人，但即便如此，你仍然應該意識到，給予升遷對他不會產生太大的激勵作用。

　　有一次科文問學術界的應徵者：「你有多大的企圖心？」結果對方直截了當的回答：「我想發表幾篇論文，得到終身教職。」（「什麼，就這樣？」科文在心中大聲吶喊著。）相反的，假設有個人提出研究員職位的申請，目的是希望能夠找出治癒癌症的方法，當他抱持著如此宏大的企圖心時，就不僅是成為研究員而已，還能為自己能做一番大事具備一定程度的說服力。

　　仔細想想，要在這個問題上造假，難度其實遠高於預期。如果治癒癌症並非你的真實願景，要在面試時矇混過去恐怕沒那麼容易，少了縝密分析及邁向願景的細節規劃，一聽就知道是在吹噓。相反的，如果一個人真的有達成某個目標的雄心壯志，他會熱切的想要昭告天下，而且通常已經完成初步的構想與計畫。當然，如果你感覺應徵者的企圖心已經高到難以置信，這時不管他們看起來有多真誠，還是應該相信自己的判斷與直覺。世界和平的理想非常遠大，但我們不確定你應該聘用一再保證能夠實現它的應徵者。

　　了解一個人「有多大的企圖心」這個問題，能為你提供許多寶貴訊息。你不僅能夠清楚知道應徵者的潛在優點，還能知道他們對自己的看法，以及他們在意料之外的情境中如何展現並捍衛對自我的認識。我們發現，幾乎沒有應徵者預料到會被問到這個問題。這個問題或許有些太直接、太具刺探性、太

過深刻的觸及應徵者內心想法，所以多數人的回答總是半真半假。

如果你想在面試時問上述問題，有兩件事必須提醒大家：

其一，久而久之，這個問題的效果會逐漸減弱，因為它已經成為眾所皆知的問題，所以大家都會有所準備。如果應徵者已經準備好也微調過答案，那他們可能會投你所好、迎合你對企圖心的想法，那麼這個問題就沒那麼有價值了。

其二，應徵者的回答可能有性別、文化或種族的差異，這一點我們會在之後的章節再討論。例如，在多種因素的交互影響下，女性可能較不願意表達強烈企圖心，甚至可能連想都不敢想。所以如果你問女性這個問題，你獲得的回答某些程度上會受社會顧忌的影響，而那會使回答的訊息受到干擾。

請留意這類潛在的扭曲，同樣的問題可能出現在一些少數族群和移民，這點之後的章節也會再做敘述。即使應徵者相當有企圖心，他很可能因為文化的因素，把面試官的地位看得比較高，即使他有比面試官目前職位更高的野心，他可能也不願意說出來，因為他擔心會被看作是不恰當的僭越或不服上意。總之，請務必注意文化脈絡的影響。

另一組後設問題則將局勢逆轉。試試以下問題：

● 你會用什麼標準來徵才？（這也是在測試應徵者對於工

作、對於自己、對於面試流程的了解。）
- 你有什麼問題要問我？
- 你對我們公司有什麼疑惑嗎？

　　上述問題都能夠幫你問出許多有用的訊息。這些問題的目的在於，讓應徵者說出他真正關心的事，也測試應徵者對於他考慮要做的工作或計畫了解的程度，也測試應徵者是否具有犀利的洞見。另外還有一個你可能沒想過的好處，能順帶測試應徵者有朝一日是否也能位居面試、甚至聘雇他人的職位。

　　不過，這個問題只在部分時候有效，部分原因是很多人都會事先準備。問題要發揮最大效用，就是當你已經問完所有他們事先準備的問題時，或是當你以特定方式敘述問題，使得應徵者無法仰賴事前準備的答案。例如：「我們在剛剛的討論中聊過（一個特定的計畫）。你對該計畫有什麼特別的問題嗎？」那麼你就是在測試他們有無專注在對話上，還有他們能快速消化訊息的能力。

　　如果你只是請他們對你提問，而他們回答說：「公司的員工福利有哪些？」那麼你只看得出他們對面試有無準備。這對應徵者來說是絕對合理的回答，不過，通常你希望聽到的訊息應該不只如此。

訪談應徵者的推薦人

我們非常喜歡訪談應徵者的推薦人，尤其是在為高階職位尋找人才時。以下是幾個有效的訪談推薦人基本技巧：

1. 你致電的對象多半會想快點掛掉電話，因為他們希望盡量幫忙應徵者、不要害到他，也不想說太多謊。不過，他們確實有美化事實的可能性。

2. 訪談關鍵在於不要打官腔，而是要進入閒話家常模式。對方時間有限，所以你要迅速營造出氣氛，讓推薦者覺得可以安心的實話實說，他們所說的任何負面評語都不會被拿來被當作呈堂證供。但要如何做到這點呢？重點在於，要說明你的提問是希望了解求職者的不同面向，並且表達（請務必真心！）你是以理解包容的心態來看待應徵者的缺點。

3. 盡量提出較為具體或量化的問題，因為在這樣的情況下，即使推薦人有意美化，也很難與事實差距太大。像是「這位應徵者將來會是比張三更好的營運長嗎？」這樣的問題或許無法得到百分之百誠實的答案，但是如果推薦人沒有馬上回答：「會，我認為他會是表現更優異的營運長。」那麼你大概心裡有數推薦人對於應徵者的

評價了。在學術界的面試中，常會請推薦人將應徵者與某位享有盛名的教授做比較，效果往往很不錯。

4. 如果應徵者提供的推薦人清單上，不包含上一個組織的領導階層（尤其是直屬上司），那麼情況多半不太妙。

5. 讓訪談對象覺得你很有趣，才能讓他知無不言。如果從對談中，你無法得知應徵者有一絲缺點，你得知道截至目前的探查是失敗的。

最後，我們對 Stripe 執行長柯瑞森提出的三個面試問題印象深刻。[14] 在二〇一九年柯瑞森與 LinkedIn 創辦人霍夫曼的公開對談中，霍夫曼詢問柯瑞森 Stripe 是如何成為支付領域中的佼佼者，柯瑞森表示透過以下三個問題，有助於辨別誰才是能幫企業從優秀轉變為卓越的領導者：

● 這個人好到讓你樂意為他工作嗎？

● 這個人能夠用比其他人更高的效率，達成你所提出的需求嗎？

● 當這個人與你意見相左時，你認為他很有可能是對的嗎？

上述都是很好的問題，適合拿來問推薦人，也可以用來

問應徵者。總之，和應徵者或申請者好好談話，是身為面試官的你可以做到的最關鍵事項。別忘了，這樣做不僅能讓你找到人才，還有助於留住人才、激勵人才，讓人才在你的團隊中貢獻所長。相反的，當你無法透過閒話家常模式深入理解對方，那麼你不僅對他所知有限，彼此間也會缺乏信任基礎，最終，你只能依賴金錢誘因來激勵人才。

因此，如果你希望改善現況，那麼請先從練習提升自己的對談技巧做起。

| 3 |

如何進行線上面試

　　我們發現，如果不小心把真實世界的對話模式套用在線上互動，那麼人們很容易會做出誤判。舉例來說，當我們在線上與他人交談時，有可能因為對談者講話太過大聲，而認為對方真是「惹人厭」。

　　然而，對方講話過度大聲，可能只是因為不確定網路會議中自己的聲音是否清晰。因此，當你打算進行線上面試時，請務必留意一點：不要把你對**媒介**的不快，轉嫁到你對**與會者**的判斷。

　　當網路速度慢、音質不佳、畫面斷斷續續時，隨之而來的討論內容就可能會被用放大鏡檢視和挑剔；就好像當發現一名作者字寫得醜，有些讀者便會不信任內容。所以，請務必保持冷靜，告訴自己：我現在是透過扭曲的濾鏡在看事情，與真實狀況可能有所差距。

線上經驗也能成為面試題目

事實上，與「線上面談」相關的問題，也可以被當作有趣的面試題目。例如下面這個問題：

● 比起 Zoom 視訊會議，為什麼面對面互動通常能傳達更多訊息？

這個問題能幫助我們很快看出，應徵者對於產品可能造成的局限與優勢的了解程度，你也可以把問題更簡化，例如：「Zoom 到底是怎麼運作的？」或「實體會議好在哪裡？」藉由應徵者的回答，也能從中看見一個人的自省與社交能力。有些應徵者可能已經有過許多線上和實體面試的經驗，你不妨問問他們：「面試進行得如何？覺得順利嗎？」或「線上面試和實體面試有何不同？」觀察一下應徵者會怎麼敘述那些差異，這些問題能看出應徵者的自我覺察及口才，還有他們專注在必須表現得出類拔萃任務上的面試能力。

或者，你也可以問問難度比較高的這一題：

● 比起面對面互動，Zoom 視訊會議在哪些方面能傳達更多訊息？

　　我們不只建議你問這一題，我們還會用本章其他篇幅來詳細說明：線上面試和面對面的互動有哪些地方不同？你可以怎麼善用兩者的差異，或至少把線上面試的缺點降到最低？

　　即使在新冠肺炎疫情肆虐之前，大家運用線上會議的頻率就逐漸升高，我們敢打包票，即使在疫情大流行結束過後，這個現象仍會持續下去。以葛羅斯的公司 Pioneer 為例，他們和世界各地的人進行訪談並提供諮詢，絕大部分都是以視訊方式進行；科文的「新興創投」也是如此。

　　疫情爆發之前，我們使用 Skype，疫情爆發後我們幾乎每天用 Zoom 開會。近來，我們甚至有「線上午餐聚會」；取代許多公開演講、結合 web 與 seminar 概念的「網路研討會」（webinars）；大學課程全面或部分改成線上授課；線上約會（Zoom dating）、多人線上語音社交軟體 Clubhouse、線上會議軟體 BlueJeans、線上開趴視訊軟體 Houseparty 等等。

　　事實上，尋覓人才已經變得愈來愈全球化，在不久的將來，你很可能會和身處孟買或拉哥斯（Lagos）的應徵者進行視訊面試。至少在面試流程的前幾輪中，這樣的情形會愈來愈普遍，未來甚至可能整個流程都能在線上完成。即使應徵者就近在城市的另一頭，但考量到交通阻塞、預約會議室、行程安排等諸多因素，都讓我們更傾向於進行線上面試。

　　我們經常被人問到一個問題：「該如何進行線上面試？」

很不巧的，目前仍然缺乏可靠的研究告訴我們哪個方法最好，多數人才招募和人才管理的書籍也很少對於人際互動的最新研究有所著墨。因為缺乏新近研究或多年累積的最佳實務，書寫起本章勢必比其他章節更具推測性，但是我們深信本章內容將為你帶來相當大的實用價值。

線上面試與一般面試的異同

無論是線上面試或面對面互動，有些基本的事情都是一樣的：你必須值得信賴，必須建立彼此的信任，才能展開自然的對話。如同前一章所述，你必須找出方法來和面試對象**互動**。但是相較於面對面的面談，線上形式又有哪裡獨特之處？線上面試是否有不同的運作方式？

首先，線上面試很難使用肢體語言與眼神接觸來尋找共鳴、建立信任感。譬如，若是透過Zoom開會，你所見到的人臉和背景都是平面的，你不容易看出對方在看哪裡，因為你的參考座標和他們的參考座標並不相同。即使你表面上覺得自己「正直視對方」，實際上卻不然，那種感覺就像是當你看著電視上你最愛的明星時，並不是真的和他對到眼。

兩位視訊會議參與者的眼動追蹤也無法像面對面一樣同步（多人與會只會使這些問題更加顯著）。如果你盯著螢幕，

對方很難判斷你是在直視他們的雙眼（尤其是頭部角度只能傳達出有限度的注視），還是在凝視遠方，或甚至根本無視他們的臉。就這一點來說，線上會議確實相較於面對面來說比較沒有人情味。

所以，在其他條件都一樣的情況下，線上面試的信任度會比較低。在這樣的前提下，詢問較特別的面試問題比較難收到效果。至於螢幕上身為面試官的你，也可能看起來較討人厭或太咄咄逼人，或者對方會感覺你比較「冷淡」。無論如何，你的意圖比較難被應徵者解讀。所以，你可能被迫減少較特別的面試問題數量，或不得不修飾問題的稜角。也因如此，線上面試通常交流的訊息量較少，你在選擇這個方法時也必須考量這個因素。

儘管如此，你還是可以彌補這個難題，那就是想辦法與應徵者提前建立信任。譬如，開始進入正式面談前，先透過共同的興趣來拉近距離，或者多用些自我調侃的幽默，以及在整個面試過程中，可以使用更令人安心的言詞。這些都有助於之後進入正式面談時，稍微削弱那些較為尖銳的問題強度。

雖然上述種種都需要花費時間，還可能會降低你的工作效率；不過，這些方法可以給你更大的轉圜餘地，讓你在其他方面能更加詳細的追問，以獲得更具體的訊息。

拆解線上面試的缺陷

　　線上面試可能會讓應徵者覺得較不容易冒險。想像一下，當接受一般面試時，應徵者通常會先從個人小故事說起，然後依照所觀察到隱含的視覺回饋，猜測對方是鼓勵或阻止我們繼續說下去。但是當大多數的回饋都不存在或延遲出現時，我們原本就比較不可能一直朝向同一個路線走下去。所以線上面試的應徵者通常會顯得較無趣、不願意冒險、單調平庸；這意味著身為面試官的你，必須適時調整你的期待。

　　讓我們以更宏觀的角度考量線上面試可能導致的訊息不足問題。當你使用遠端視訊通訊時，你可能會錯失至少三個顯著的知識來源：社會臨場感、訊息豐富性、來往互動的完整同步性。「社會臨場感」指的是你對這個人如何與他人互動並投射自我形象的了解；「訊息豐富性」指的是你能夠與對方親身互動獲取的多元訊息，像是一個人的走路姿態、與你握手的力道、走進門時如何與他人打招呼等等；而「同步性」關乎你們之間互動的節奏及辭令、停頓的特性、達成共識的速度，以及你們對於接下來該由誰發言的協調度等等。

　　因此，當你決定進行線上面試，便需要好好思考在這場面試中，我們該彌補上述三點中的哪一點，又有哪一點是不具備也沒關係。

　　我們建議不要老是把Zoom會議和實體會議拿來相比，反倒是要把你面臨的確切問題加以拆解分類。比方說，如果你招聘的是業務員或團隊領導者，那麼缺少「社會臨場感」就會是個問題；如果你招聘的是遠距辦公、工作幾乎可以獨立完成的人，例如作家或文案寫手，那麼相較之下「社會臨場感」就沒那麼重要。

　　一般來說，線上會議對於具體的問題、議題或爭議點進行明確的聚焦討論，是完全沒有問題的，但如果是要產生自發互動或是引導出無特定目標的訊息時，線上會議似乎無法像面對面互動那樣發揮良好功效，使得我們較難知道你一開始就沒有想到要問的事情。舉例來說，如果有人進到你的辦公室閒聊，他們可能會注意到你放的照片、藝術品或牆上的海報，得知自己和你有某些共通點。然而這類觀察在Zoom會議中出現的可能性大減，首先是因為你根本無從見到線索；再者，在比較聚焦的對話中，要提出此事的「空間」較小。所以，如果這類背景訊息對於招聘職缺來說很重要的話，比方說必須了解應徵者出身的社會背景，請務必以直截了當的問題，來彌補視訊面試的訊息不足。

　　當我們以這種方式把線上互動的缺陷做拆解分析，就會更清楚應該怎麼在其他地方，蒐集更多你想要的訊息。你可以針對訊息不足之處，更直截了當的詢問應徵者，或是在訪談推

薦人時多加幾個重要問題，如此就能彌補線上面試的不足。

　　線上面試還有一個比較麻煩的難題，就是分辨面談中該輪到誰發言。目前基於各種技術上的小缺陷，讓視訊傳輸的品質還是有延遲現象（也許當你讀到本書時，部分問題已經解決；以我們的經驗來說，科文的podcast節目來賓中，大概有一半的比例在對話時會遇上至少一次這個問題）。真正高速、暢通、不受干擾的網路連線目前在美國還不是常態，這導致線上對談還是常有短暫的延遲或是斷斷續續，甚至更糟的狀況是遇到系統當機。

　　即使斷訊或延遲不是發生在某個特定時刻，還是會傷害對話的整體流暢度，因為與會者不能確定他們的訊息是否傳送過去了，也不確定能否迅速、如實的讀到對方表達的訊息。有時候，線上互動的雙方會經歷更糟糕的連線中斷，網路斷訊後，彼此的交流也戛然而止，這也會讓許多人際之間的訊號更難解讀。

線上互動的地位關係

　　線上互動的另一個顯著特點，就是能夠消除許多傳統的地位標記。

　　有哪些傳統面試的地位關係，會因為線上面試環境的轉

變而變得模糊或被抹去？舉個最容易理解的例子來說，在商務
會議或面試中通常有座位順序安排，不管是事先規劃好的，還
是自然而然形成的。可以想見，老闆或是決策者通常不會被塞
在小小的角落；但是在線上會議中，除了有指定的會議主辦人
可以「主控全場」外，其他的地位標記多半都不存在；再者，
主控線上會議的人通常不會是大老闆，而是技術助理。

　　許多女性在Twitter上表示，在Zoom視訊會議中能夠享有
較為平等的地位。當老闆（以男性居多）無法坐在崇高地位的
位子上，就沒辦法輕易透過肢體語言展現「我才是老大」、沒
辦法輕易打斷別人說話、沒辦法獨占所有發言權。這件事讓我
們反省到，線上面試官必須有自知之明，如果想用平日習慣的
方式展現領導力或領袖魅力，往往只會適得其反。

　　此外，過往一直是地位象徵的衣著，在線上會議中扮演
的角色也開始大不相同。襯衫、髮型、姿態的重要性大幅增
加，但身高、步態、鞋子、手錶、全套西裝的重要性則會一落
千丈。不僅外在表現變得沒那麼重要，握手技巧看來也即將過
時，畢竟你不可能在Zoom視訊會議上和別人握手，所以沒人
會知道你的握手力度是「穩健」還是「軟弱」。於是，許多平
常習慣展現地位崇高、具有領袖魅力的人不免感到幾分落寞，
甚至面臨聲望下跌的窘境，因為透過網路視訊，他們的機智幽
默、妙語如珠很難完全施展，也無法像過去那樣用生花妙語來

掌控全場。

以上種種都意味著，你必須重新思考如何在線上會議中展現地位。答案很簡單，誰能在線上會議上簡短明快的切中要旨，誰就最能擁有影響力和地位。雖然你本來就應該以此為目標，但這在線上互動時更顯重要。許多教授指出，在時數較長的線上課程中，有必要透過Zoom進行分組討論，讓學生對學習擁有一定程度的掌控感，從而保持學生的參與度和學習興趣。長遠來看，這些好處能夠鼓勵那些不那麼偏執的領導者，試著學習放下一些控制感。如果你還沒開始這樣做，請務必試著往這個方向調整線上行事的風格。[1]

那些積極渴望展示自己最優秀的人，在線上會議中往往表現得較差，因為他們會因為無法達到預期效果而感到緊張、焦慮和力不從心；相反的，不在意自己必須時時刻刻保持完美的人，反而更有可能占上風。在線上互動的世界中，如果你能讓自己更隨和、更放鬆、更有安全感，將比過去那些靠咄咄逼人和優越感掌控全場的人，獲得更高的地位及更大的影響力。

疫情帶來多麼「痛」的領悟

在疫情封城期間，傳統電影與電視圈名人失去以往習以為常的舞台，對他們來說，這可是個很大的打擊。許多明星開

始上傳個人內容到網路平台上，但是誠如柯恩哈伯（Spencer Kornhaber）在《大西洋》（*The Atlantic*）雜誌上所言：「這些名人可真是無趣到了極點。」他們在網路上傳達出的個人形象，帶給人們既無聊又笨拙，而非自在從容、真實不做作的印象。這些名人過去多半習慣於眾星拱月下打造出來的崇高形象，因而可能完全沒有發現，在 iPhone 為他們拍攝出來的影片中，他們只是呈現出一張有著怪表情的臉。

　　或許就是因為這樣，當蓋兒‧加朵（Gal Gadot）、娜塔莉‧波曼（Natalie Portman）、傑米‧道南（Jamie Dornan）、希雅（Sia）、佩德羅‧帕斯卡（Pedro Pascal）、柔伊‧克拉維茲（Zoë Kravitz）、莎拉‧席佛曼（Sarah Silverman）、小萊斯利‧奧多姆（Leslie Odom Jr.）、吉米‧法隆（Jimmy Fallon）、威爾‧法洛（Will Ferrell）、諾拉‧瓊斯（Norah Jones）和卡拉‧迪樂芬妮（Cara Delevingne）一同錄製影片，接力合唱約翰‧藍儂的〈Imagine〉時，恐怕完全沒想到最終成品簡直令人尷尬，一點都無法讓人陶醉其中。[2]拜託！千萬不要像這些名人一樣，不管你在現實生活中有多大咖。千萬要記住，線上互動會去除很多你的神祕感，所以你必須隨之適度調整。

　　以上談了許多使用線上視訊及數位工具在做法和心理上必須做出的調適。其中有一項調適可能是最痛的領悟，那就是

明白自己的影響力到底有多少是仰賴所處的社會地位。直白的說，其實你可能沒有你想得那麼機智！

如果你意識到過去的自己多少是建立在虛假的形象上，那麼不如透過線上互動的方式，將你的魅力建立在其他基礎上：更簡單、更自在、更直接的表達自我，展現出純粹的迷人（請注意，還是要維持謙虛，而不是執意強求），那麼你會在視訊中表現得更好。這對於面試官來說也是一件好事，與其藉由筆挺西裝和座位尊卑形塑出個人社會地位，不如靠真實的自己努力來贏得這個地位；讓這個經驗轉化成為自己加分、把握機會學習的契機，讓你以個人化和人性化的方式發光閃耀吧！

關於視訊會議還有一個問題。如果你是主講者，出現在「Zoom舞台中央」的大方格裡，大家別無選擇只能看著你（除非他們其實沒在聽）。你可能會壓力很大，因為大家都會注意到你所有的缺點，不管是臉上的青春痘，還是你獨特的說話模式或頭部擺動方式。你自己也可以看到那些缺點，或許你也不確定該看哪裡，所以你不曉得該看別的地方以忘掉自己的缺點，還是應該不時瞥一下自己的模樣，想辦法糾正看起來怪怪的地方；很不幸的，當你想辦法調整的時候，觀眾也注意到了。相對來說，現場演講時，有經驗的講者會運用各種轉移注意力的手法來掩蓋他們的缺點，包括手勢、身體動作、個人魅力等，但是在Zoom上就顯得困難許多。

個人化設定展現獨特自我

有些人嘗試用個人化的 Zoom 背景來傳達自己的獨特性，其實這件事也得花點心思。例如，你可能選擇摩天大樓窗景當背景，但是在會議上用這樣的視覺效果不太理想，因為你的背後會看起來太雜太亮。或許未來這類不適切的背景會逐漸被淘汰，取而代之的是昂貴的藝術作品？

新冠肺炎大流行期間，隨著工作者被迫從文明的辦公室遷徙至網際網路莽原，我們發現身分地位的象徵，已經從「設計師款外套」轉變為「對於更高像素的追求」，位高權重的執行長們不惜耗資數千美元，添購媲美專業攝影師的攝影和照明設備。另一方面，葛羅斯發現 Pioneer 有許多員工也跟上這股浪潮，開始使用影像後製用的「綠幕」、變聲軟體、影片濾鏡來優化自己的線上形象，不用花什麼錢，就能讓自己「看起來」像個不同凡響的大企業家。他們只關心自己如何能在他人眼中高人一等，但這些東西在真實世界中根本起不了任何作用。在視訊會議中彰顯傳統地位象徵比較困難，但也讓數位世代出生的工作者擁有展現自我的舞台。

Zoom 背景也能展現獨特的自我風格。舉例來說，科文的 Zoom 背景是二十世紀初烏克蘭的前衛藝術家大衛‧布里烏克（David Burliuk）創作的素描；如果鏡頭朝右傾，你還可

以見到一些經典的海地藝術品，例如威爾森・畢戈（Wilson Bigaud）的〈夜市〉（*Night Market*）。這樣的Zoom背景能讓我們感受到他的坦率與誠懇、願意敞開心胸探索不同的文化，或許還多了一絲神祕感，鼓勵你更深入探究他在做的事。葛羅斯的Zoom背景則呼應他的Pioneer品牌網站，是以亮黃色為主要色調。這個背景散發出「科技」而非「文化」的特質。

　　雖然應徵者選用的視訊背景較為普通不見得有什麼問題，但是背景確實傳達出一部分訊息，告訴我們應徵者打算如何向外在世界呈現自我；也就是說，如果你招聘的是「實質工作」而不是「天賦工作」，你比較可能在這一回合成功。

職場與生活的界線日益模糊

　　Zoom視訊會議有時也為我們提供附帶訊息，得以窺見對方的居家環境與家庭生活。也許這樣說並不公平，但對於某些人來說，在家開創一個完全不被干擾、能夠進行線上討論的環境，確實是有困難的。你可能會聽見對方家裡的電話在響，有人在說話或大叫，或是有狗在吠，這些訊息都可以幫助我們從中了解（即使所知有限或不甚清楚）對方的基本生活節奏。當然，身為面試官的你也可能釋放出類似的訊號，像是有時你必須起身簽收UPS快遞來的包裹。總之，視訊會議打破職場和

生活之間的界線；特別是在疫情期間，大人停班、小孩停課，但也適用於一般情況。

對我們來說，上述觀察正是線上面試的一項優點。等等！我們可不是要你從窺探他人居家生活之中（仔細聽對方家裡的狗叫聲，究竟是尖聲狂吠還是低吼呢？誰想知道這個啦），武斷的評判什麼才是理想的生活型態。不過，家庭生活和工作的界線模糊導致面試的基本結構改變，確實是件好事，有點像在咖啡廳面試時，觀察應徵者如何和星巴克的員工互動。我們樂見任何面試場域帶來的張力、模糊性或神奇，好好把握這些時刻，將它當做是意料之外的話題來談，更能將應徵者拉出面試模式，進入閒話家常模式。但是不要一開始就打探對方的家庭生活，你可以先談談你的情形，再慢慢引導對方談自己，然後調整後續的談話方向。有時候家居環境會提供你更多發現別人的機會，所以請務必好好把握。

有趣的是，科文發現透過Zoom線上教學，讓他的學生有種彷彿「受邀到他家」的感覺。他的太太娜塔莎會走到螢幕前揮手打招呼；學生會看到他的沙發；還有一兩次他站起來，從冰箱拿一瓶水出來。這些小小的變化，卻為學生帶來不同於以往課堂的新鮮感，讓師生之間更加親近、甚至平起平坐了。至少對於他的研究生來說，這讓他們更進一步把自己想成科文的同儕（很好！他們應當有此大志），而不只是聽命行事、乖乖

繳交功課的學生。至於葛羅斯在Zoom會議與線上研討會時，通常都穿著T恤。矽谷本來就比較隨興，而現在又比以前更容易把居家的隨興標準帶入職場，這使得職場生活與居家生活之間的界線也愈來愈模糊。[3]

書架可能會暴露你的祕密

在封城期間，許多名人開始在家接受線上訪談，他們大多會選擇用書架當作背景，但我們不確定刻意為之的人數比例有多少，並非刻意安排的人數比例又有多少。舉例來說，凱特·布蘭琪（Cate Blanchett）的視訊背景有保羅·梅森（Paul Mason）的著作《後資本主義》（*Postcapitalism*），還有《牛津英語詞典》（*Oxford English Dictionary*），兩者都讓她顯得很知性。英國國王查爾斯三世（Charles III）的視訊背景則是貝西·泰勒（Basil Taylor）撰寫的書《史塔布斯》（*Stubbs*），史塔布斯是十八世紀英格蘭畫家，以描繪馬匹聞名。這部作品不適合葛羅斯或科文，但是對查爾斯三世而言就很合適。

然而一項針對英國國會議員的期刊研究發現，他們傾向於把書架遮起來，讓背景顯得單調乏味，也許他們是擔心，如果書架上的書名清晰可見，其中某些書可能會觸怒部分選民，那麼後續衍生的問題與負面效益，可能會大過於純粹想炫耀自

己的閱讀能力。試想納博可夫（Nabokov）的小說《蘿莉塔》（*Lolita*），你真的希望選民看到那本書出現在你家書架上嗎？[4]

當我們享受線上面試與互動更平等的特性時，我們發現新型態的地位階層正出現在我們自己的線上面試中，而那不只是因為Pioneer員工如何給軟體背景寫程式。線上環境愈樸素，個人表現就愈重要，特別是針對面試問題的回答。

線上面試有點像是西洋棋線上快棋賽，最重要的是每一步棋的品質，對應到面試就是答案的品質。如果你穿的鞋子或袖扣有多精緻變得沒那麼重要，那麼你能否對答如流、妙語如珠就會更重要，從中可以看出應徵者的聰慧與否。但我們還是要提醒老話一句，身為面試官的你必須知道：你所接收到的訊息相當有限；你不應該被舌燦蓮花所迷惑，千萬要對自己的判斷抱持謙遜的態度。

用線上通話取代視訊

最後，Zoom和其他線上會議軟體可能會對特別容易感到「視訊會議疲乏」（Zoom fatigue）的人不利。我們都知道，參加Zoom或其他視訊會議時，你會比較難獲得以往習慣的所有社交訊息，比方說手勢和身體動作。換言之，你必須專心的聽大家說的每一字、每一句；而確實，除了分心和不專心之外，

你也沒有太多其他選擇。但許多人擅長從肢體語言和更廣泛的行為舉止中解讀社會信號，並且很會用相同的信號回應：如果與你對話的人微笑，你也會報以微笑。科學證據指出，我們許多人（或許是絕大多數）接收不到那麼多習以為常的社會訊號，又被迫只能專注在少數幾個溝通經驗的標誌上，實在會失去方向。

所以，如果你發現你的談話對象似乎看起來有點「心不在焉」，不要太早判定他們就是沒有集中注意力。Zoom 視訊會議的形式對於外向者大為不利，然而那些外向者很可能就是你正在尋覓的對象。因此，如果你想聘用需要挨家挨戶拜訪陌生客戶的業務員，那就不要把 Zoom 面試看得太過重要，因為那跟聘用程式設計師人才完全不同。[5]

如何避免自己陷入視訊會議疲乏？葛羅斯的建議之一是：關掉視訊，改採線上通話或打電話。影像往往可能產生誤導，用語音交談反而更能拉近人與人之間的距離，而且這樣做，還能讓你獲得稍微喘息的空間。別對 Zoom 或其他視訊軟體倒足胃口，畢竟無論你多麼百般不願，還是有不得不使用的時候。對於螢幕上那些會講話的頭像，有時直接拒絕它們比較好。[6]

缺乏眼神接觸是好是壞？

　　和Zoom視訊會議不同，在天主教堂的告解室中，有道隔板會把神父和告解者分隔開來，使得兩人無法、也沒有機會用眼神接觸。然而這個設置似乎有其作用存在。過去，天主教的懺悔是在眾目睽睽下舉行；「暗箱」做法一直到十六世紀中期才出現。但是暗箱法證實有用，於是幾世紀以來，傳遍各地教會。此法似乎讓大眾更願意進教堂懺悔。[7]

　　或許也可以這麼說，公開告解正在今日的「抵制文化」（cancel culture）中捲土重來，特別是在社群媒體上，只是這種把告解變成公開的行為，也同時充斥著許多表演的性質和虛假的成分，而與真實狀況有一段落差。這讓我們再次思考，或許沒那麼直接的接觸和清晰的可見度，有時候反倒更可能引出事實的真相。

　　心理治療的經典方法也強調刻意避免與個案直接面對面互動，常見的方式是病患躺在沙發上，說出自己想說的話，而且說話時不直視治療師的眼睛；不過這只是治療的其中一種方式，有些人還是會與心理醫師面對面。近來也有很多病患運用Skype和Zoom看診，但很多人還是不計時間、不嫌麻煩、不論花費，專程去心理治療師的診間，只為了可以躺下來且篤定的把目光別開，向醫師傾訴心中的困擾。這種長久以來被眾人

使用、不刻意追求面對面接觸的做法，值得我們進一步思考並
從中學習。

　　告解室和心理治療室有個共通的要素，那就是缺乏眼神
的接觸，可以用來促進或緩解懺悔，或至少有助於敞開心扉。
試想，如果神父直直盯著告解者的眼睛，告解者可能很難坦承
自己沒盡到家庭責任；此外，那樣的方式也無法讓告解者匿
名。同樣的，在心理治療的情況裡，如果治療師提供直接、可
見的回應，恐怕也會讓個案在心裡猜想：「他剛剛對我的話揚
了一下眉毛嗎？他是在譏諷還是在嘲笑我？」如此一來，個案
應該不太容易對治療師訴說童年創傷。

　　眼神接觸可以是種交流，但也可能是種威脅，或是過度
分散注意力的來源，會讓很多人更難放鬆或敞開心扉。在治療
的場域，對於沙發帶來的效能眾說紛紜，但沙發確實可能有助
於自由聯想和促進療程的步調，能降低整體環境的威脅感。[8]

　　線上通話缺乏眼神上的接觸，意味著那些「確認眼神」
的活動將大幅減少，人們無法透過禮貌的微笑來相互表達認
可，同時也能減輕人際間的隱性壓力。排除那些多餘的從眾訊
息，讓我們更有機會深入了解，當應徵者在無法充分感受到社
會信任、無法持續獲得社交線索認可的情境下，將會如何表現
自己。

距離不僅帶來美感，還有坦率

因封城防疫而發展出來的線上約會也讓我們見到這個可能：在比較簡化的環境下，人們或許更能傾吐心聲。來聽聽二十七歲的布魯克林人茱迪・鄺（Judy Kwon）怎麼說。她對線上約會可能的優勢提出一個重要看法：「雖然線上約會顯然有很多缺點，但是至少對我而言，它激發出我和約會對象更認真的對話……我對自己的感受更加直言不諱，我也希望對方這麼做，因為我們沒辦法像面對面時那樣解讀對方發出的訊息。可以確定的是，我們都比以往更忠於自己的感受。」[9]

不過線上約會也有缺點，例如當兩人遇到尷尬的停頓，就不太知道該如何化解；你無法像面對面約會時，拿起餐桌上的水壺倒水來分散對方注意力或填補空檔。那麼大家（至少一部分的人）遇到這種尷尬時候都怎麼做呢？他們會傾向打開天窗說亮話，直接吐露心聲。如此一來，兩人就能更快、更深入的了解彼此，至少在約會還沒有變成枯燥乏味的尷尬場面前。[10]

或許你會覺得，面試時避免和應徵者多接觸一點這個想法聽起來好像很荒唐，但是如果你曾經享受過「散步面試」（walking interview）的樂趣，體會過那種眼神接觸極少的面試，你就不會覺得上述說法很奇怪了。散步面試可能比面對面坐在桌前的面試更有用，能獲取更多訊息，可以有更多空間來

探索對方天馬行空的想法，也有更廣闊的空間可供話題討論。併肩而行會讓彼此產生親密感、安全感及趣味，相較於端坐桌前的面試，也許有些人甚至會覺得比較不用對自己說的話「負責任」。

為全國公共廣播電台（National Public Radio）工作的媒體訪談人泰瑞‧格蘿斯（Terry Gross）則刻意使用營造距離的技巧，不直接和來賓面對面接觸，「來賓坐在遠方的錄音室中，格蘿斯則坐在她在費城 WHYY 電台的『小包廂』裡，這樣的安排能為彼此提供看不到臉孔的親密感，和告解及心理治療差不多，患者和治療師不對到眼，其理論就是運用適度隱身，讓思緒和幻想更自由奔放。也許正因如此，她的來賓都會開誠布公。」[11]

在其他的情境中，距離也能讓人吐露心聲。在疫情封城期間，進行電話調查的研究者發現，應答者更願意接起電話，也真的和電訪者交談。很多應答者不只是回答調查問題，也對電訪者傾訴他們的恐懼、悲傷，以及他們在疫情期間的遭遇。這些對話的作用可能類似洩壓的安全閥，很多人似乎把從未謀面的電訪者當作知己。其中一組數據指出，以前平均費時十分鐘的系列訪談，在疫情期間增加為十四分鐘，因為應答者比平常更愛聊天。[12]

有鑑於此，線上面試的一個可能策略，就是問一兩個能

夠激發出想告解心情的問題。不要把這個問題弄得很有挑戰性或尖銳，反而要被動且坦率的提問，好像你等著傾聽，而非評判。像是以下這個問題：

● 我們在職場上都曾經犯錯，我也一樣。你是否曾經犯過哪個錯誤，而且始終沒有機會說出口？

或者試試這一題：

● 在職場上，你認為「明知故犯」這個概念指的是什麼？和「無心犯錯」相較之下有何不同？你可以用一位同事的例子來解釋嗎？

請注意，援引同事的案例可能會讓這個要求沒那麼咄咄逼人，也比較可能引導對方說出誠實的回答。不過如果你想單刀直入，你可以試試以下問題：

● 你在職場上是否曾經歷過懊悔的事？為什麼？在那次經驗中，有多少是你所造成的錯誤？

在實體面試時，有些應徵者可能因為太過拘謹而無法提

出好的答案。但是在線上，如果你覺得自己有機會讓對方「和盤托出」，那麼上述問題值得一試。不過，如果你得到赤裸裸的答案，請當作訊息來參考，不要因此就推論對方不正常或是瘋了，因為這是你窮追不捨才獲取的情報；而且，如果這些答案比平常更直率，別忘了，全都是你主動問出來的。

請跟著調整你的期望，盡量發掘當中的積極面。某種程度來說，那樣的答案反映出你是成功的面試官，不見得是應徵者的缺陷。也請注意，在某些情況下，尤其當應徵者是年輕女性、面試官是男性時，缺乏直接的眼神接觸或許反而能促進信任。眼神接觸有時候可能也是種威脅，或讓人想起過去不愉快的遭遇，或被人誤以為是種騷擾。從這點看來，線上面試就不僅是不同於以往的一種方式，並不代表絕對不好或較差。

當然，就像我們在接受面試時，可能會希望不要太過隨性、太過坦白。有些用Zoom約會的人會說，他們覺得在線上約會前進行「健身、沖澡、著裝打扮」的儀式，感覺比較舒服。也有人會擦上自己最喜歡的香水，甚至興沖沖的把床鋪好。（好等待機會？）依照這個邏輯，我們認為為了保持適切的專注力，在參加線上會議時，最好應該要著裝準備，像是要接受實體面試一樣。如果你在其他方面的表現沒有那麼自律，可以考慮在視訊會議時穿上正式的鞋子。但請注意：我們**不建議**在比較隨性的科技與創投面試領域這麼做。你會希望你呈現

的風格符合面試官的世界觀,所以建議你依照這個原則,來選
擇你打算呈現出來的樣貌。[13]

線上互動的未來

「線上互動」與「面對面互動」是兩種本質上截然不同的
互動方式。你愈早體認這點愈好,如此一來,你會知道過往在
實體面試時的選才標準,確實需要做一些調整及改變。無論未
來線上互動技術出現多大的突破,也無法改變這個事實。

請別以為等到遠距視訊技術「夠好」時,線上互動與線
下互動的體驗就能趨於完全一致。或許有朝一日會發展出全像
虛擬實境,讓線上會議成員近乎完美的進行互動,但線上互動
技術發展並非單純為了完美模擬面對面互動,而是將我們的注
意力導向某種特定方向。技術發展無法同時改善所有面向,例
如威而鋼被用來治療阿茲海默症時,在人體某些部位的改善程
度肯定會比其他部位更佳。

我們所預見的線上互動技術發展,往往為我們的認知帶
來偏頗的影響,例如以為超高螢幕解析度就能完美傳遞訊息,
而忽略「社會臨場感」(social presence)的重要性,也就是互
動過程中能否感受到彼此是真實、真誠、有溫度的存在。是
的,以客觀的角度來說,新的技術肯定會「更好」,但是如果

你認為評估人才的印象來源是更高畫素的影像，而**不是**基於社會臨場感，那麼你很可能會受到誤導，因而認為線上互動技術發展的目的在於模擬「身歷其境」，這肯定是一個嚴重的誤解。[14]

我們可以試著想像一下這樣的情境：假設Oculus的虛擬實境技術突飛猛進，使得你的虛擬「巴黎假期」幾乎像是身歷其境一樣，而且比親自造訪更便宜、更便利。透過Oculus的頭戴式顯示器進行線上面試，可以免除面對面互動的諸多不便，你的虛擬分身永遠不會被絆倒或弄翻咖啡，也不用擔心因為交通問題而遲到。然而，在虛擬三度空間的房間裡評估應徵者，肯定無法展現和真實世界中相同的判斷能力。在先進的虛擬實境世界中，每個人都會看起來缺乏情緒。即使未來有一天這樣的技術成為面試主流，不管你是面試官還是應徵者，都得努力去設法彌補那些差異。

接著，讓我們切換到另一種對於未來的想像，請想像在不久的將來，線上面試將能提供比實體面試**更多且更豐富**的訊息。例如，我們可以使用AI作為面試分析工具，即時分析線上面試影像、評估應徵者表現、推測其個性，並且提供接下來該問的問題。在實體面試中要運用AI技術可能比較困難，畢竟你總不能一直低頭看AI裝置告訴你的訊息。在未來，線上面試可能提供比實體面試更棒的「個人臨場感」（personal presence）。

　　你可能會說：不可能吧！怎麼可能比面對面時更真切的感受到對方？這聽起來的確讓人難以置信，可是請別忘了人類的異質性。在面對面的面試中，你對眼前這個人能有特殊的認識，但你不會知道其他人對同樣的提問或互動會有什麼回應。然而AI能夠彌補這個缺點，在你親自觀察的同時，AI可以快速分析線上面試過程，向你回報相較於一般應徵者，這位應徵者「表現」得如何；而透過這種方式，身為面試官的你也會發現自己的盲點。相較之下，實體面試反而成為較有缺陷的互動模式。

　　值得注意的是，即使在上述理想的應用情境下，基於AI的面試依舊可能在你的評估過程中導致偏見。強大便捷的技術容易將你的注意力移轉到AI可以有效分析的訊息上，導致你看不到其他雜訊較多的訊息。未來，當多數機構都開始運用AI科技進行面試（這應該是不久之後的普遍常態），那麼對你來說，最重要的反而是觀察那些**獨特**的訊息。

　　別忘了！大家都在尋覓人才，你必須獨具慧眼，才能找到競爭者沒發現的人才。隨著AI技術的應用日益廣泛，能帶給你多少幫助將變得較不確定，甚至在某種程度上，反而讓你的任務變得更加困難，因為AI同樣會讓其他競爭者看見你正在積極尋找的隱形人才。

人才

線上面試幫你聚焦在重要的事

我們最後想說的是，面對面互動可能會讓你分神而無法做出正確的面試決定，畢竟不是所有的面試線索都是正確的。透過線上面試，你比較不知道應徵者的穿著（根本看不到他穿的是名牌鞋子）、不會看到他如何走進門並與面試官互動、完全聞不到他的香水味，更別說其他各式各樣可能錯失的線索。雖然這些線索可能提供有用的訊息，但我們並不清楚哪些訊息對做出正確的面試決定來說是有價值的（也許全都沒有價值），甚至可能因此做出錯誤的詮釋與判斷。

所以，請容我們再次提醒：別再一味否定線上互動的價值，線上面試能夠提供新的機會，讓你聚焦在真正重要的訊息。在某些情況下拒絕線上面試，反而會成為你在選才上的最大阻礙。

事實上，一般人會竭力掩蓋他們實際的努力程度，甚至可以說，多數時候他們都在嘗試欺騙面試官。畢竟，誰會想在面試時承認自己一點也不認真？當面試官從應徵者的走路姿態、細微表情變化及與他人的互動方式，來判斷這個人有多可靠，卻完全沒有考慮這樣的判斷基準是否公平。我們並不知道眼前這些訊息是否為真，所以如果能透過線上面試來減少這類訊息的誤判，或者至少讓應徵者們看起來平分秋色，或許就能

幫助你做出更理想的決定。篩掉表面效度的訊息後，你可以更聚焦於觀察應徵者的實際行動與人生成就，而我們相信，這是理解一個人真實樣貌更加可靠的訊息來源。

線上面試所篩減掉的訊息，還有助於減少對女性和弱勢族群的可能偏見。如前所述，線上世界讓你較難掌握個人魅力和社會臨場感等傳統線索，但是對於許多工作來說，個人魅力和社會臨場感這兩個指標也可能造成誤導，尤其對於個人魅力的理解具有相當程度的文化差異。

例如我們常發現，來自非西方文化者在接受面試（無論是線上或實體）時，總會讓我們覺得畢恭畢敬「過了頭」。他們的過度禮貌，或許是由於認為自己對西方文化欠缺深刻的了解，擔心自己會犯錯（請見第八章，針對性別與種族的討論）。雖然有禮貌並沒有錯，可是這麼一來，要判斷應徵者的個人特質將變得困難，甚至會讓出身西方文化的面試官傾向於判定他為不適任。這樣一來，便極有可能鑄成大錯，因而錯失被低估的人才。事實上，應徵者可能只是基於某些擔憂，害怕在你面前展現個人特質罷了。

相對來說，線上面試把**每個人**都變得比較看不出個人魅力，或許反而有助於平衡你對他們的偏見，幫助你做出更好的判斷。總而言之，讓我們試著將線上媒介變成一項有利的工具吧！這就是本章想要傳達給你的結論。

| 4 |

智力與人才

　　談到智力的影響，會不會導致人們過度重視智商（IQ）的階級思維與排名？經過長時間的反覆思考，我們認為智商的重要性常常被人們所高估，而且大多數聰明的人愈會高估智商的重要性。然而，也有研究的確得到一些重要的成果，認為智商確實很重要。我們想帶你看看什麼情況下智商很重要，也要探索關於這個問題的已知成果與未知領域。同時也請務必記得一件事，在尋覓人才上，情境會對一個人造成很大的影響。

　　我們會先從智力的積極面說起，因為卓越的智力能夠讓人發現新構想，並把別人無法看見的東西拼湊起來。想要獲得人們的信賴，絕頂聰明或許是一項必要條件，如此一來，你才能展現卓越的領導力，尤其當你的麾下都是聰明人時。現在，就讓我們針對這個議題進行深入的探索。

發明家、領導人、企業家

讓我們先來看發明家數據，因為從中可以得到很多品質不錯的研究成果，讓我們看出一些值得注意的事情。其中一項數據是來自芬蘭，研究對象是涵蓋一九六一年至一九八四年間出生的所有男性勞動人口，將他們在入伍時量測的智商成績與最終職業進行比對（當時只有男性需入伍，所以研究中沒有納入女性）。此外，研究人員還擁有這群人一生的詳細資料，包括本人及其父母的所得和教育水準。北歐國家蒐集的數據非常全面，而且一般公認相當可靠。[1]

研究中最引人注目之處，在於「發明家」這個職業。如果你想聘請一位發明家，那麼智商成績是目前所有可測量變數中最顯著的因素；測得的智商成績愈高，成為發明家的可能性就愈大。順道一提，研究所採用的智力測驗是「瑞文氏測驗」（the Ravens test）的變化版本，較著重視覺空間能力，而非語文能力。

「智商成績」與「成為發明家」之間的關係，可以用幾種不同的方式來表示。例如智商成績落在第96至100百分位者，成為發明家的可能性會比第91至95百分位者高出2%至3%。又如，在其他因素不變的前提下，如果所有人都屬於最高智商十分位數的群體，就統計的角度來看，發明家的人數會比目前

增加183%。

值得注意的是，在發明家這項專業中，有高達66%的可解釋變異（explained variation）可用「智商」這項變數來解釋，相當驚人！如果你學過統計，就會知道這**不是偏R平方**（partial R-squared），因為影響大多數職業選擇的變數都沒有納入衡量；但這66%是指在已衡量的變數中，可用智商來解釋的部分。

這個數字之所以驚人，還有一個原因是可以與其他變數做比較。舉例來說，次要的最顯著變數是「父母教育程度」，但對於子女能否成為發明家的解釋能力只有1%。[2]

要解釋這件事最簡單的說法就是：多數人並不會成為發明家，而且誰會成為發明家其實非常難預測。然而在這個資料集中，智商成績的高低確實是其中最好的預測變數。

你可能會納悶，這和我們普遍認為的「智商成績」（或一般來說的「智商」），對職業成就的影響被高估的看法，不是正好相反嗎？別急！同一篇論文亦指出，在決定最終從事其他高社經地位的職業上，「智商」所扮演的角色要比其他因素來得小。舉例來說，如果觀察在芬蘭擔任醫生這項職業的人，會發現「智商」這項因素只占所有可解釋變異的8%；對於律師，「智商」所占可解釋變異更低，大約是5%。換句話說，智商並非最重要的關鍵因素，但是在衡量哪些變數可以解釋一

個人可以成為發明家上,智商卻顯得相當重要,至少和其他衡量變數相比是如此。

在同一個資料集中,如果要考量什麼變數可以說明一個人會成為醫師或律師,就會發現「家長教育程度」(而非智商成績)是主要的解釋變數,分別占上述兩種職業決定的39%和52%。此外,比起成為發明家,在推動下一代成為醫師或律師上,「家長所得」則扮演更具影響性的因素。

從這個研究結果我們得知,總的來說,發明家具有高智商,至少在芬蘭是如此,或許在其他國家亦然。至於想成為醫師和律師,則與是否「出身名門」密切相關;這或許意味著,想要在法律界和醫學界成功,需要仰賴的就是那種高社經背景。對於這項研究結果,我們還有另一種解讀,那就是:芬蘭的法律和醫學界某種程度來說具有排他性,許多聰明、有潛力的應徵者之所以不得其門而入,只是因為他們並不具備適切的社經背景和家世。

人才市場最頂尖的超級天才

我們也相信在某些領域(像是藝術、工業以及科技等)中,成績表現幾乎處於頂尖的超級天才,在某些本質上與發明家沒有兩樣。這些人之所以能夠成為各自領域的翹楚,正是因

為他們能夠開創新猷。不論是畢卡索（Pablo Picasso）及布拉克（Georges Braque）創造出立體派（Cubism），亨利・福特（Henry Ford）主張應該將員工薪資提高到每天五美元，還是謝爾蓋・布林（Sergey Brin）和賴瑞・佩吉（Larry Page）意識到網路搜尋的問題可以用巧妙的數學來解決。這類超級天才獨具慧眼，這也是我們認為智力會繼續發揮重要作用的原因。

　　有個嚴謹的研究在探討智商分布（以這個例子來說是指前0.5%中智商最高的那群人）和終身薪資之間的關聯。研究對象為八百五十六名男性及六百七十二名女性，他們曾在一九二一年至一九二二年於美國加州學校接受一項智力測驗，研究者後續追蹤這群人一生所得狀況。研究者最後發現，當智商每增加一分，所得就會增加大約5%；也就是說，在這個資料集中，智商差異造成的終身所得差距大約是十八萬四千一百美元。此外，在測驗成績最優異的那群研究對象當中，高智商也和薪資顯著增加相關；而且在這個頂端智商群體中，薪資與智商梯度甚至比我們在整個人口中發現的梯度更陡。這與我們的看法一致，也就是智力可能對於頂尖成就者來說相當重要。[3]

　　同樣的，在另一項探討智力對工作者成就的大規模研究中，研究對象共涵蓋一萬兩千五百七十名瑞典員工，研究期間是從一九六八年至二〇〇七年。研究結果顯示，對於所得分布尾端（位於最後10%）的員工，非認知能力因素（如人格特質

與勤奮）會比認知能力因素的重要性高兩倍半至四倍；然而，對於整個群體而言，認知能力提高一個標準差所帶來的工資增加，要比非認知能力提高一個標準差更大（順道一提，標準差是一個統計概念，指的是離散程度；如果一個變數在樣本中呈現「常態分布」，樣本中大約68%的個體會分布在距離平均值一個標準差之內的範圍）。此外，認知能力和薪資之間的關係呈現凸函數，這意味著在薪資分布愈前端的地方，認知能力對薪資的預測力愈強。換句話說，智力是影響工作績效最重要的因素。[4]

即使如此，我們還是不能將測到的高智商視為成功的唯一保證，因為多數高智商的人，最後不一定會在職業生涯中獲得巨大成功。關於這點，所謂的「**成功相乘模型**」相當合適用來描述頂尖人士。

在成功相乘模型中，想要達成最後的成功，需要數個相當緊密的特徵共同組合在一起。也就是說，表達特定特徵強度的變數必須以某種方式相乘，才能達到強大的最終效果。比方說，想要成為一流的古典音樂作曲家，你可能需要幾個特徵：良好的工作習慣、音樂天賦、彈奏鋼琴的能力、編寫管弦樂曲的技巧與毅力，以及你的背景是來自中歐或附近的音樂重鎮。如果上述所有特徵你全都具備，那就有可能會成為像是史上偉大的音樂家莫札特或貝多芬般的神奇音樂家；如果缺少當中任

何一個特徵，例如空有音樂天賦而沒有良好工作習慣，可能意味著你會成為一名傑出的在地即興演奏家，卻從不動筆創作任何一首大型交響樂曲。

就像出色的亞美尼亞（Armenian）西洋棋士弗拉迪米爾・阿科皮揚（Vladimir Akopian），他在比賽中從沒有特別努力，因此也從未登上頂尖，他說道：

> 我相信有很多才華洋溢的棋士。當我下棋時，有時會遇到天賦異稟的棋士。每當提到天賦，棋士總是很容易被人拿來比較，但我認為天賦並不是什麼特別的東西，相較於天賦，努力更重要。不只是努力，棋士的性格也很重要，性格軟弱或是狀態不穩定，都會讓結果大不相同。西洋棋是一門相當複雜的藝術，因此上述這些因素全都很重要。純粹論及天賦的話，不只是我，還有其他很多人的天賦甚至都超過頂尖棋士。但是當你把一切因素都考量進去：不只是具備天賦，還願意堅持努力、犧牲生命中其他事物、練就心理韌性等，真正能平步青雲的人就所剩無幾了……等到所有因素全都到位，你才能真正躋身世界頂尖棋士。[5]

許多位在成就金字塔頂端者的智力並非單純劃分為單一能力。例如擔任企業執行長、棒球投手、獲得諾貝爾獎的科

學家，都需要同時具備多元特質於一身，如此才能發揮一加一大於二的效益，這種特質我們稱之為「完美條件組合」（the whole package）。

如果你的人才資料庫相當有限，你很可能會根據你認為的重要變數（例如高智商），來做選才上的考量，但錄用對方之後卻發現，實際情況並不如預期。對此我們的建議是，你挑選的人最好具有完美條件組合，特別是當他必須擔任重要的高階職位。即使有些設計精良的量化研究顯示，智商的邊際價值（marginal value，指增加智商帶來的效益）為零，然而許多頂尖人才在工作上可能還是需要高智商，否則他們沒有實質機會提供完美條件組合。這樣看來，尋覓人才時找高智商的人還是有其必要性。

探索尚未充分開發的人才領域

如果你是在別人從未涉足的新興領域工作，而且沒有太多人與你競爭去聘雇相同的人才，那麼追求高智商人才的價值相對較高。這意味著在評估年輕人、來自偏遠地區或經濟與文化尚未開發地區的人、正準備進入社會網絡的潛力人才的未來發展上，智商是很好的指標。相對來說，如果你考慮招聘擁有豐富職場經驗的六十歲資深工作者，智商就是糟糕的指標。

　　這暗指如果你認為自己特別擅長於看出他人聰明才智以及其他理想特質，那麼你應該花更多時間嘗試發掘和培養有才華的年輕人，或許也可以更關注國外市場，或是在自己的國家中尚未被廣泛發掘的文化區域，例如美國的沿岸城市和郊區。另一方面，如果你已經認定尋找高智商人才是無效的方式，那麼或許你可以考慮轉向一些具有許多資深工作者的領域，透過他們以往的經驗和資歷來進行評估，應該也會是相當不錯的方法。

　　在人才市場最頂端找出超級天才和奇才很重要，但千萬別忘了從尚未開發的領域中尋找。思考一下馬克‧祖克柏、保羅‧麥卡尼（Paul McCartneys）、雷霸龍‧詹姆斯（LeBron Jameses）當初是怎麼被發掘的。尋找在各行各業剛竄出頭的新星或許也能大有斬獲。譬如：PayPal創辦人提爾是第一位支持祖克柏的創投家；布萊恩‧艾普斯坦（Brian Epstein）發掘並栽培披頭四，這兩個例子都有豐厚的回報。

人才不難找，而是伯樂太少

　　或許這聽起來有點矛盾，但想要看出具有超高智商、最有旺盛的企圖心，以及其他正面特質的人才，其實並不是件容易的事。為什‧麼？這是因為從本質上來說，市場金字塔的最頂

端通常是尚未開發的領域，而超級天才通常行事特徵格外不同、獨樹一幟，而且他們多半聰明到一般人無法欣賞他們的才華，至少要等到他們最終的成就顯現出來時才看得出來。試想年輕的音樂家馬勒（Gustav Mahler）坐在你面前，哼著他創作出來的旋律，你大概沒有能力看出他日後的驚人潛力，更不會料到他未來會成為歷史上偉大的浪漫派作曲家。

　　換句話說，超級天才通常需要受到另一個超級天才的賞識，而能夠真正看出超級天才的伯樂並不多。所以，如果你認為自己是超級天才的伯樂，你會（準確）看出許多具有被低估的才智、被低估的工作特質，以及被低估的衝勁等等特質的人才，而很少人會注意到他們。

　　舉例來說，一九六一年左右，誰會知道披頭四即將撼動全世界？事實上，他們曾經被多家唱片公司拒絕過，早期在美國發行專輯時，還是找相對來說沒沒無名的Vee-Jay唱片公司。[6]

　　音樂人約翰・哈蒙德（John H. Hammond）的故事則是另一個例子。他是星探、音樂狂熱分子與良師，他一手發掘並拉拔創作歌手巴布・狄倫（Bob Dylan）、藍領搖滾教父布魯斯・史普林斯汀（Bruce Springsteen）、爵士女伶比莉・哈樂黛（Billie Holiday）、爵士音樂家貝西伯爵（Count Basie）、班尼・古德曼（Benny Goodman）、「大聲公」喬・特納

（Big Joe Turner）、「美國現代民歌之父」皮特・西格（Pete Seeger）、女歌手艾瑞莎・弗蘭克林（Aretha Franklin）、創作歌手喬治・班森（George Benson）、李歐納・柯恩（Leonard Cohen）、史帝維・雷・沃恩（Stevie Ray Vaughan）等人。除此之外，他還重新引起社會大眾對「三角洲藍調之王」羅伯・強生（Robert Johnson）的興趣，在其中扮演關鍵角色。

　　現在看來，這些成績讓人印象深刻！但如果你讀過有關哈蒙德的資料，其實看不太出來他的「神奇配方」是什麼，也不知道怎麼複製他的識人方法。但他確實從小就財富自由，還花很多時間在研究音樂與音樂家上。此外，在種族歧視的年代裡，他拒絕以種族歧視的方式行事；也就是說，他將目光焦點放在其他人忽略的黑人音樂家。

　　也許喬治・班森的話可以讓我們抓到一絲哈蒙德成功的線索。班森說：「約翰・哈蒙德不見得在乎我賣了多少張唱片；他的方法比較像是吆和大家：『嘿！來看看這個天才的本事，我希望你們和我一樣喜歡他。』」或許哈蒙德的故事同時告訴我們，大多數頂尖天才都不是一眼就能看出，原因在於，這些創作人才做的全都是一些全新且具原創性的事。[7]

　　這與之前我們提到挖掘潛在頂尖人才的「相乘模式」不謀而合，這對於「未被探索的天才」這個概念特別意義重大。通常要看出人才的完美條件組合並不容易，這比找出誰的智商

高、誰的吉他彈得好、誰的快球球速到達每小時九十八英里難上許多，那些特定特質**相對來說**比較容易被看出或被測量。想要看出完美條件組合需要更深入的綜合能力、許多運氣，以及我們所謂的「創業警覺性」（entrepreneurial alertness），這是指你必須獨具慧眼，才能看出別人視而不見的人才。

選擇未來要共事的一群人

有才華的人能相互激盪，幫助讓彼此更好，而且通常是以充滿活力、而非上對下的方式彼此共事，這點也可以說明智商可以用來衡量人才。科文在喬治梅森大學（George Mason University）的同事加里特・瓊斯（Garett Jones）針對這個主題寫了一本書《蜂巢思維：國家的智商為什麼比你自己的智商更重要》（*Hive Mind: How Your Nation's IQ Matters So Much More than Your Own*）。在書中，他指出智商如何產生非線性的正面影響；高智商人士能夠相得益彰，彼此共好，在公司內部如此，在國家內部也是如此。如果你讓比爾・蓋茲一個人置身叢林，他的表現或許不會比其他具有長才的經理好，但是當他和一百位精挑細選的團隊成員在一起，可能就會激盪出相當顯著的優勢。[8]

或者，我們可以從另一個角度來思考。假設你把一位超

級聰明的人放到一個不健全的公司裡，那個人大概無法自己力挽狂瀾，因為不良文化代表一連串壞到骨子裡的作為、不成文規定與期待，這種情況下想要改革可是難上加難。然而，如果公司裡都是有效能又通力合作的員工，那麼彼此就能創造出一番成績。同樣的，在防守不踏實、打球不專心的籃球隊中安排一位優異的後衛，大概幫助也不大，有人還是會把自己的任務搞砸，導致敵隊射手沒有人防守，因此即使後衛再優秀，也無力一人守住所有敵營的射手。然而，如果球隊有很多一流的後衛，就能展現出防守的實力，激發出最佳狀態。

在撰寫程式軟體方面，矽谷比起其他地區顯然更為成功，原因即在於矽谷薈萃許多優秀的人力資源（而非自然資源），而且這些優秀人才之間又可以相互合作，在這樣的背景下，這是聰明的做法。相較之下，位在伊利諾州（Illinois）的芝加哥與矽谷在軟體上的生產力差距，比起高智商和低智商員工的（相對小）薪資差距要大很多。矽谷有許多絕頂聰明的人一起工作，不僅撰寫程式軟體，也會彼此交流如何成立新創公司；芝加哥則沒有把重點放在此處，所以矽谷有許多「獨角獸公司」（估值十億美元以上的新創公司），而芝加哥則沒有。這樣的差異證明組織良好團隊的重要性。

此外，一項研究更直接指出，人愈聰明，愈懂得與人合作。歐金尼奧・普羅托（Eugenio Proto）、奧爾多・魯斯蒂奇

尼（Aldo Rustichini）、安迪斯・蘇菲阿諾斯（Andis Sofianos）曾進行一項研究，他們付錢請人玩各種可以得到實質報酬的合作遊戲。研究人員有玩家的人格特質與智商資料，所以可以衡量不同類型的人運用的成功策略。結果很清楚：整體來說，智商高的人在遊戲中比較會合作，在短期目標和長遠考量之間找出平衡的遊戲裡，最重要的是智商。研究人員做出以下結論：在這個情況下，「長遠看來，智力比起其他因素及個人特質重要許多。」[9]

此外，懂得「恰到好處」的合作也相當重要，要知道如何在聰明的員工和擅長其他方面的員工之間尋求互補；畢竟，一個人的高智商與他是否能為更大群體的生產力做出貢獻，基本上是兩回事。史蒂芬・柯瑞（Stephen Curry）之所以能完美融入金州勇士隊的團隊中，是因為他能夠和其他厲害的射手們相互搭配，這使得對方陣營很難防守柯瑞，而柯瑞總有辦法可以把球傳給射手們。相反的，如果和柯瑞搭檔的隊友速度較慢、塊頭較大的話，就會讓他無法發揮強大的實力。

對於身為雇主和伯樂的你，上述意味著什麼？如果你要聘人進入相對成熟的組織裡，智力與其他才華的重要性會小很多，融入群體的能力反倒比較重要。如果你正在成立新創公司或白手起家創業，要雇用一個全新的團隊，那麼各種人才必須具備的特點，包括智力與合作精神便會重要許多，聘用一批非

常聰明的人更有可能創造出積極、活潑、多元的優勢。因此，如果你決定在相對來說短時間聘用一群人，請多留意人才的重要特質。

對了！如果你有朋友在新創界（科文的這類朋友就是葛羅斯，而這一段是科文寫的），而且他／她正和非常非常聰明的人共事……嗯，你用不著嫉妒，反而可以睡得安穩，因為這代表我們的世界正在往好的方向發展。

智力不是預測成功的唯一保證

儘管如此，用智商高低來預測人才仍有很大的局限，現在我們就來談這件事情。尤其當你愈是談論整體人口，智力對於成就和成功的重要性就可能愈低。

來看看我們所認識的人當中最聰明的人的觀點吧。馬克・安德森（Marc Andreessen）是安霍創投的合夥人兼共同創辦人，也是發明網路瀏覽器的人。身為創投業者，安德森協助、資助Facebook、Twitter、Groupon、Lyft、Airbnb與Stripe等公司。如果你對於安德森是不是最聰明的人有一絲懷疑，請想想當年他從無到有發明了網路瀏覽器！但他的聰明才智還不止如此。如果你問起安德森有關政治哲學、古羅馬歷史知識，甚至是好萊塢的合約如何發揮作用，無論各種天南地北的話

題，他都會滔滔不絕的提出精彩見解，讓你大開眼界。

安德森也意識到，總體來說，智力的重要性被高估。二〇〇七年他發表一篇文章〈如何聘用你曾合作過的卓越人才〉。[10]他提出，許多公司在徵人時過於高估高智商的重要性；然而智商是依賴於特定情境而存在。當一家公司已經在市場上處於優勢地位時，高智商才會是重要的，例如微軟和Google就是這種現象的兩個例子。沒有哪家公司是只靠樹立起「招募高智商人才」的招牌，或是透過考應徵者邏輯難題就能成功。當然，員工的智商高是好事，但是安德森認為在其他要素相同下，或許更重要的人才特質是熱情、積極主動、好奇心、道德感等。他也表示，熱情和好奇心在某種程度上是高度相關的；尤其在這個年代，網際網路讓你在閒暇時間能夠不花一毛錢，就能在你的領域中與時並進。我們認為安德森的論點言之有理。我們也應該想想更多系統化且以數據驅動的原因，來探討為什麼獨尊智力整體來說並非明智之舉。

正式的智力測量無法有效預測所得

判斷人才的方法之一，就是觀察一個人最終的所得多寡。這並不意味著市場永遠是正確的，但如果一項特質完全無法預測所得，那這項特質對生產力大概也沒那麼重要。

　　在一項關於「智商」與「所得」的經典研究中，經濟學家傑佛瑞・薩克斯（Jeffrey S. Zax）和丹尼爾・里斯（Daniel I. Rees）根據從威斯康辛州的資料發現，平均來說，智商每高一分，預測的終生所得增加不到1%。總的來說，把智商的一分等同於終生所得增加約1%，其實是把兩者的相關性稍微高估了，因為在一些研究中，智商高一分僅與終生所得增加0.5%相關。也就是說，智商比較高並不能轉換成所得就會比較高。[11]

　　或者，我們來看另一個研究結果，諾貝爾經濟學獎得主詹姆斯・赫克曼（James Heckman）與人合著的一項研究發現，當智商從第25個百分位數上升到第75個百分位數，與薪資成長10%到16%相關。以生活水準而言，10%到16%的薪資差距相當小（順便一提，這裡指稅前數字），你很容易就會發現，一般美國居民之間的薪資差距比這個差距大太多了，一份普通工作的起薪和工作一兩年後調高的薪資差距，也比這個差距大得多。[12]

　　或者，我們可以看看近期關於加拿大所得的研究。這裡的數學有點複雜，不過主要的研究結果是，認知能力增加一個標準差，相當於所得提升13%到16%。這再次說明，在高低智商上的大幅差異，對應到的只有很小的薪資差異。換句話說，我們所關注的這群人在智力上確實與眾不同，但並非極度不同。我們還發現，他們的所得差距也只是多一點點或少一點

點而已。[13]

　　還有另一種方法，就是觀察頂尖人士，看看他們有多聰明，至少就我們一般衡量此概念的智力測驗來看。這個方法並不容易，因為數據難尋，不過有一個針對瑞典公司執行長的研究就在做這件事，收集到的數據也非常不錯。至於得到的主要研究結果是，中等（或「最典型」）小公司執行長在認知能力上比66%的瑞典人口強；而中、大型企業執行長在認知能力上則比83%的瑞典人口強。這兩個族群的人都比一般人聰明，但是他們並不是頂尖的5%，更談不上頂尖的1%。所以，至少就執行長而言，即使是頂尖的高成就人士，至少從他們的智商分數來看，並沒有你想像中那麼聰明。[14]

　　還有大量關於智商與工作表現的學術文獻。最慎重且仔細的研究就屬肯・理查森（Ken Richardson）和莎拉・諾蓋特（Sarah H. Norgate）所做的研究了，這項研究的名稱為〈智商真的能夠預測工作表現嗎？〉（Does IQ Really Predict Job Performance?）研究指出，智商不必然等同於一般智力，但是研究者的結論發人深省：「在初步研究中，（智商和工作表現之間的）相關性通常有超過95%的變異無法解釋。」[15]

　　換句話說，一味追求要聘用高智商的人而沒有其他考量，並不是尋覓人才的好辦法。還有個常見的危險，那就是聰明人（也許你就是其中之一）會高估聰明的重要性。或許這點

並不令人意外。

過度看重智商的代價高昂

　　另一個不要過度迷信智商的原因，就是智商往往會被市場追價。大部分人都看重某些類別的智商，所以如果你一股腦追逐那些顯而易見的聰明人，你可能要為他們付出全額價碼。然而那些顯而易見的聰明人，不見得是顯而易見的划算交易。就拿金融業的比喻來說吧。要是有人告訴你「把那些員工都是聰明人的公司股票全買下來」，你認為這是個好建議嗎？你大可相信智商的重要性，但優質公司的股價往往也很昂貴，裡面一堆聰明人的公司也是如此，至少當這些聰明人真的對公司很重要時。經濟學家老早就知道，追求正面特質而不顧價格的投資不會有額外的收益。關鍵反而是要找出被低估的公司，也就是那些「優點被掩蓋」（hidden virtues）的公司，這個原則也同樣適用於找出優秀人才，不管討論的面向是智商還是其他特質。

　　在某些情況下，「贏家的詛咒」（winner's curse）現象可能意味著你在競標時最後支付過高的價格。如果好幾家公司對同一位員工出價，最有可能得標的公司，就是高估該員工、最終支付過高價格的公司。即使相對以品質來說，贏家並不算出

價過高，但贏得標案所帶來的收益可能不會符合你的期望。

你對一種特定的人才特質執著的程度，應取決於你的業務性質及利潤來源。假設你有個強大的品牌，或者有特別的地點，都是競爭對手無法輕易複製的，因此你的收益很高。在這種情況下，你不需要依靠特定的聘雇決策來獲利；你只需要能讓企業正常運作的員工。為人才付出目前的行情價碼就足夠了（此處也包含聰明人），你不需要想盡辦法打破市場行情。你的公司還有其他優點利於營運，你需要保有這些優點；雇用員工時打安全牌，為該人才付全額價碼，也是很好的策略。

或者，你的商業模式可能依靠挑選優秀人才，例如創投公司或球隊。那樣的話，支付市場行情價聘用以一般標準來看的人才絕對不夠，你必須思考現成資訊以外的訊息，找出未被發現的寶石。舉例來說，三屆NBA冠軍史蒂芬‧柯瑞在二〇〇九年選秀中到第七順位才被挑走，順位還比目前默默無聞的喬尼‧弗林（Jonny Flynn）低，但是如今柯瑞正朝著名人堂邁進。當時在選秀時，柯瑞看起來太矮；等到他真正進入職業籃球隊，也沒有展現明星氣勢，更別提一開始他還很常受傷。

這告訴我們一件事：你不能光看一個人的基本統計數據，以為那就是全部；你必須仔細思考如何挑選你真正在乎的特定類型人才。二〇〇九年時或許還看不出來，但是柯瑞不但有驚人的運動技術，還有超高水準的籃球專業，以前所未見的

方式練習並擅長遠距離三分球。

　　如果你需要更多證據，讓你不再執著於智商，而回頭理解情境脈絡的重要性，還可以看看許多其他工作。就拿美國總統來說如何？如果要跟當上總統沾到邊，你大概就得非常聰明才行，至少某些面向必須如此，例如得要知道如何吸引足夠的選民支持。但是在這個範疇的人當中，智商對於這份工作到底有多重要？嗯，數據並沒有明確支持「高智商的總統是比較好的總統」這樣的觀點。

　　舉例來說，歷史學家通常把威爾遜（Woodrow Wilson）、尼克森（Richard M. Nixon）、卡特（Jimmy Carter）視為二十世紀最聰明的三位總統。我們不打算在這裡打政治口水戰，但是以最合理的標準來看，人們對這三位總統的評價充其量只能說褒貶參半。威爾遜把種族主義與隔離政策帶進聯邦政府，他讓部分經濟體（暫時）組成同業聯盟，他在第一次世界大戰所犯的錯誤為第二次世界大戰鋪路。尼克森在外交政策和「潔淨空氣法」（Clean Air Act）有些重大成就，但是他說謊成癖，被迫辭職下台，醜聞纏身，非常不光彩；即使如此，從他寫的書裡可以看出他的才氣縱橫、文采斐然。卡特就比較難說，但是很多人認為他是失敗的總統，在外交事務上軟弱無力，給美國留下高通膨、高利率、經濟困頓的爛攤子。也許那不是他的錯，但他不算是個成功的美國總統。

對於哪位美國總統是成功的，不同黨派的人會有不同意見，但是富蘭克林・羅斯福（Franklin D. Roosevelt）和隆納・雷根（Ronald Reagan）這兩位總統常被點名（顯然選擇取決於受訪者的政黨和意識型態）。他們都不是傳統意義上的知識分子，雖然兩人都非常精明，但通常也不被認為是美國最聰明的總統，至少不是標準化測驗所衡量的那種聰明。

當然，我們並不是說選總統時不要考慮候選人的智力程度。我們反倒想指出，一旦我們把注意力集中在有機會贏得總統大座的人身上，會發現智力之外的其他因素通常更重要。

如果你看全美大學及雇主協會（National Association of Colleges and Employers）的「二〇二〇年就業前景調查」，你會發現當中相當強調智力，這也不令人意外，畢竟那是針對大學畢業生的調查（而大學畢業生占美國人口的少數）。雇主最希望員工擁有的特質是「解決問題的能力」，看來與智力直接相關。不過，其次的特質是「團隊合作能力」和「強烈職業道德」；而整體來說，前十項特質中有七項和智力無關。在這份調查中，智力顯然很重要，只不過沒有壓倒性優勢。[16]

好的，以上就是我們對智力與人才的看法。人格特質又有什麼影響？下一章我們繼續來談。

| 5 |

人格特質與人才

　　馬斯克顯然不是個普通人，他是多家市值數十億美元公司的創辦人或共同創辦人，這些公司包括PayPal、SpaceX到特斯拉（Tesla）。他計畫透過星鏈（Starlink）為全世界提供網際網路服務、提供太陽能發電新創公司SolarCity發展所需資金、創立「無聊公司」（The Boring Company）建造大型隧道。他還送人往返太空。他也是Neuralink和OpenAI的共同創辦人。

　　有時會榮登世界首富寶座的他，曾經在喬·羅根（Joe Rogan）的節目中吸食大麻，他的安全許可資格（security clearance）還因此差點被取消；以及因為一則推特上的推文，而被美國證券交易委員會調查。他還曾經巧妙的運用推文，讓原本僅剩趣味價值的加密貨幣狗狗幣（Dogecoin）一夕之間水漲船高。也許我們無法用「只要馬斯克想要，沒什麼辦不到」

的說法來形容他,但他大概比現今任何一位企業鉅子都更接近這個狀態。此外,他似乎對風險這件事有過人的承受力。

當然,大多數時候你並不是在尋找下一個馬斯克,也幸好如此,因為很有可能不會有下一個馬斯克。儘管如此,他為我們親身示範人格特質的重要性;一個人所具備的特質,可以讓影響力拓展到一般人完全難以想像的程度。

理論的有效性和局限性

在特定的背景中,哪些是最重要的人格特質?哪些人格特質又是經常被我們所忽略、甚至不懂得欣賞?以及,我們對於人格特質有哪些錯誤的假設?在這一章中,將呈現我們對於人格心理學的看法,也會談談一些最常被討論的人格特質。下一章中,我們會大膽的更進一步,仔細探討一些極其獨特且未經充分學術驗證的人格特質。

接下來,我們將剖析著名的「五大人格特質模型」(Five Factor personality model),矽谷創投公司常用這套理論來評估人才。然後,我們會看看當今媒體上常用來描述「理想員工」特質的一些流行語彙,這些說法通常在某種程度上並沒有錯,**但是只適用於特定背景脈絡中**。所以,我們在理解人格特質時,必須考慮每一種人格特質概念都有其適用的背景脈絡,並

非放諸四海皆準。

　　我們對於五大人格特質模型的看法是這樣的：如果你從未聽說過也完全沒接受過相關測驗，那麼這套模型肯定能讓你獲益良多；但與此同時，許多相關從業人員在使用這套模型時，往往高估其有效性而忽視其局限性。

　　在撰寫本章的過程中，葛羅斯和科文不得不對五大人格特質模型的有效性進行深入探討，最終我們選擇只對它做輕描淡寫的介紹。葛羅斯的姊姊是位心理學家，她對預測性人格研究的局限瞭若指掌，葛羅斯從她那裡學到很多。而科文則受益於他的經濟學家背景，他知道經濟學往往更像一門藝術，而非科學，通常無法找出普遍的預測法則，這個道理同樣適用於人格特質領域。在對五大人格特質經過兩年的長期辯論後，以下是我們所得到的共識。

五大人格特質理論

　　五大人格特質理論旨在將人的個性歸結到最簡單、直觀且易懂的五種基本人格特質，這個人格理論有時會被運用在對應徵者的分類與評估上。五種基本人格特質分別是：「神經質」（neuroticism）、「外向性」（extraversion）、「開放性」（openness）、「親和性」（agreeableness），以及「嚴謹性」

（conscientiousness）。這五大人格特質很複雜，而且依然存在一些爭議，不過它可以幫助我們增進對他人特質的理解。以下是五種特質的簡要定義：

神經質

高「神經質」者通常會經歷較多內在負面情緒與感受，包括恐懼、悲傷、尷尬、憤怒、內疚、厭惡。

外向性

高「外向性」者的典型表現，包括：個性外向、親切友善、善於交際、健談、會主動積極與他人打交道等。

開放性

高「開放性」者的心胸較為開闊，喜歡探索新穎且多元的想法，願意多做嘗試，對事物充滿好奇心，具備構思更多可能的想像力。

親和性

高「親和性」者願意與人相處，樂於幫助別人、對人有同理心，並善於團隊合作；相對而言，低「親和性」者競爭心強、愛唱反調。

嚴謹性

高「嚴謹性」者認真盡責、自制力高、有責任感，而且通常善於規劃及組織，因此通常被認為是團隊中的可靠成員。

通常，頂尖的創投業者在尋找尚未被發掘的創辦人時，都會找「親和性」低、「開放性」高的人。低「親和性」會激勵個人全力以赴提出新想法，即使這個想法不被他人支持；高「開放性」能使個人更像創新者，而且更願意適時接納他人的意見和回饋。

要澄清一點，你應該拋開對於這些人格特質是「好」還是「壞」的下意識判斷。「神經質」聽起來可能「不太好」，在某些情況下確實如此，但這並非是絕對的。如果你想尋找一位社運鬥士，希望他不僅關注不公義現象，而且還有實際付諸行動以伸張社會正義的能力，那麼「神經質」很可能就是你要找的特質。歷史上許多關鍵的社會運動，都是由五大人格理論中認定的高度「神經質」人士所領軍。雖然我們無法把聖女貞德（Joan of Arc）、約翰•喀爾文（John Calvin）或甘地（Gandhi）找來做五大人格特質測驗，但他們似乎常被視為討厭鬼或敏感易怒的人。

老話一句，情境脈絡很重要。同樣的，高「開放性」可

能代表這個人容易熱情過頭，無法準確辨別有用和無用的努力；高「親和性」可能意味著缺乏深度；「外向性」到極點可能就變得很煩人⋯⋯當然，實際情況也可能恰恰相反。因此，你**最終**必須判斷勝任某份特定工作的人需要具備哪些特質；如果你打從一**開始**就對這些特質抱持是好或是壞的成見，這將成為你進行理性評估時的最大阻礙。

此外，請注意五大人格特質理論並沒有強調動機問題。相信你也認識一些做自己想做的事時非常認真，但其他時候總是既馬虎又不可靠的人。當然，或許**你**就是這種人（或許我們兩個也是如此。例如科文非常熱衷於尋找印度古典音樂會，但對打掃辦公室完全提不起勁；葛羅斯一提到跑馬拉松就振奮不已，不過對於排隊買演唱會門票則興趣缺缺）。

所以我們得再次強調，五大人格特質理論只能作為一個起點，你必須回到當下的情境脈絡去考量；評估一個人的重點之一，就是要了解他在不同情境下會有怎樣的行為變化。然而，五大人格特質理論就算有納入這項考量，也不鼓勵你仔細研究這個問題。

五大人格特質能預測一個人的表現嗎？

就五大人格特質理論預測個人所得的能力而言，普遍能

夠接受的答案是：如果你能精準解讀一個人的五項人格特質，則可以預測大約30%的所得差異。在相關領域品質最高、最著名的一篇文獻中指出，如果以所得來衡量職涯成就，五大人格特質整體而言可以預測32%的職涯成就差異。[1]

讓我們更清楚的知道上述統計的概念。當一個變數可以完全解釋另一個變數時（例如，以英寸為單位測量一個人的身高，能夠精準預測以公分為單位測量出的身高），我們可以說這個變數「有百分之百的預測能力」。同樣的，如果一個變數和另一個變數完全無關（例如，拋擲一枚硬幣所得的結果，完全無法預測下一次拋擲的結果），那麼它無法解釋另一個變數的任何變化，我們可以說這個變項「預測能力為零」。所以預測32%的所得變異雖然比零高，不過離百分之百還有一大段距離。

在另一篇同樣可靠的論文中，則是使用外向性、親和性、嚴謹性、情緒穩定性（emotional stability）和自主性（autonomy）這五種人格特質組合，來分析荷蘭的相關數據。研究結果顯示，這大約可以解釋15%的收入差異。因此，五大人格特質對於收入的預測力上限約為32%，至少從目前研究結果來看是如此。[2]

上述研究是探討人格特質和收入之間的關聯性，那麼在其他成就（例如個人在科學領域的卓越成就）的衡量標準中，

是否也會呈現類似的影響？在一項針對科學家的研究中，在對科學發展潛力和智力的變數進行調整後，人格特質變數可以解釋高達20%的成就差異。雖然目前依舊無法證明人格特質變項可以準確預測未來薪資，但的確為我們呈現出一個大致相符的趨勢，指出「人格特質」與「職涯成就」之間的相關程度。無論我們所謂的「成就」，指的是收入豐厚或科學地位。[3]

　　總的來看，五大人格特質理論能解釋15%到32%的收入差異是多還是少，這樣的預測力究竟算強還是弱？在思考這個問題時，請務必記得：你是在為一份重要工作尋覓真正人才，而不只是要幫一個尋常職缺填補人力。在某些職缺上，人格特質或多或少可以預測未來的收入高低。但總體來說，即使這個理論稍微有用，你還是不該太執著於五大人格特質理論。

　　你或許可以參考近期一篇針對加拿大薪資數據所撰寫的論文，對此有更進一步的探討。研究結果顯示，五項因素中只有「嚴謹性」和「神經質」對於預測薪資達到統計上的相關性。「嚴謹性」每增加一個標準差，薪資約增加7.2%；而「神經質」每增加一個標準差，薪資約減少3.6%（再次說明，標準差是統計變異數的計量單位，請見第四章的說明，或是上Google找解釋）。就我們來看，這些結果無法顯示人格特質在判斷人才上有壓倒性的表現，所以得再次重申：發掘人才是一門藝術，也是科學。[4]

　　至於這項研究的信度，也就是人格特質與人生成就關係的研究，確實可以在一定程度上複製，這是指對相同主題以相同方法進行重複研究，能夠得到大致相同的結果；然而不幸的是，並非所有學術理論都能順利通過重複研究的檢驗。科爾比學院（Colby College）心理學教授克里斯多福・索托（Christopher J. Soto）研究發現，87%的重複研究在預測影響方向上達到統計顯著性。

　　此外，本章介紹過人格特質與收入之間的相關性，也被學者透過實驗研究加以證實。在這個實驗中，受試者玩一個可以獲得現金獎勵的遊戲。在這樣的情境中，「神經質」和較低的收入相關，而「嚴謹性」和較高的收入相關，兩者皆與來自勞動市場的數據相符。而主要的差異是，在實驗的環境中，「開放性」不再和收入顯著相關。[5]

　　這個研究有個很好的特色，那就是你並不需要過於執著「具有相關性」是否意味「具有因果關係」。舉例來說，假設你發現所有穿尖頭鞋來面試的應徵者都具備高生產力，那就請你直接雇用他們就對了！完全不用擔心到底是「穿尖頭鞋的人具有生產力」，還是「具有生產力的人穿尖頭鞋」，又或者是受到其他變數的影響（例如，或許聰明的父母會把小孩送進好學校，**並且**買尖頭鞋給他們穿）。對人才發掘者而言，有沒有因果關係往往並不是最重要的事。既然我們的主要目標是**預測**

人才，那麼我們只要知道變數間存在關聯性就好，未必需要費心探究箇中因果。

人格特質的另一個問題是很難客觀衡量。人格心理學有個令人遺憾的事實，那就是關鍵變數的的衡量，通常是靠受試者自己的說法判斷。舉例來說，像「嚴謹性」這樣的變項，實際上指的是受試者在填寫人格測驗時，自己所宣稱的嚴謹性程度。這樣看來，人格心理學中許多部分都建立在相對薄弱的基礎上。如果你問研究人員，他們會告訴你：「目前沒有更好的進行方式了。」這也提供額外的理由，告訴我們應該對人格測驗的結果抱持保留態度。

此外，即使是訓練有素的面試官，也未必能夠從面試過程中推敲出應徵者的人格特質。所以，即使你不會盲目相信人格測驗結果，但你自己做的評估也未必比那些差強人意的方法高明多少。研究發現，「面試官對應徵者的評估」和「應徵者的自我評估」之間存在些許關聯（相關係數為0.28），而且「面試官對應徵者的評估」比「應徵者的好友的評估」還要略遜一籌。有趣的是，面試官最難評估的兩個特質正是「嚴謹性」和「情緒穩定性」，這很可能是因為應徵者在面試過程中積極營造良好印象；面試時「裝一下」是很常見的行為，有時確實很難察覺。[6]

畢竟，幾乎所有人都知道，面試時應該努力裝出認真盡

責的樣子，所以你得提醒自己，面試時的印象可能不是真的。
除非你額外花時間詢問推薦人，不然在應徵者正式到職前，你
多半無法事先知道他工作時到底認不認真。基於此原因，我們
認為「尋找具備認真負責的人」的重要性，往往會在面試過程
中被明顯高估，即使這樣的特質對該職位而言很重要。當然，
如果「嚴謹性」這項特質真的非常重要，請務必針對這點電訪
應徵者的推薦人，相關內容我們會在之後詳述。

　　在我們繼續談下去之前，想順道一提，你可能很納悶為
什麼我們要大費周章講這些人格特質分類和衡量方式。難道我
們不能直接研究人類基因組，然後用基因判定一個人的「真實
面貌」？這樣不是更科學嗎？

　　關於這一點，一些研究人員一直在嘗試這麼做，然而至
今尚未成功。近期一項研究做出以下結論：「截至目前為止，
試圖指出企業家精神可遺傳變異背後的特定基因變異，都還沒
有成功。」或許有朝一日可能會出現突破性的進展，但還要等
上一段很長的時間，我們依舊沒有基因的捷徑可走。正因如
此，鑽研選才的藝術顯得益發重要。[7]

五大人格特質的重要性

　　如果你要評估的人才是創業者或企業家，也就是那些要
開創並發展企業到一定成熟度的人，那麼人格特質（例如五大

人格特質理論所指出的特質）自然扮演著關鍵角色。

　　首先，創業本身就具有很高的風險，新創公司的高失敗率意味著並非每個人都有能力勝任，優秀創業者必須主動積極、大膽無畏，將其意志與願景以某種方式強加於這個世界。同時，他們將被迫履行許多不同的責任，承擔許多不同的角色，而且往往毫無預警。他們還必須展現無比的彈性，在某些關鍵時刻，要抱持開放的態度，但又毫不妥協，並在必要時保持高度紀律。

　　最容易被公司創辦人低估的挑戰，或許是「把自己的名字掛在門上」。創辦人和一般員工不同，其個人自我價值感是來自於企業的成功。在沒有其他人可以怪罪的情況下，創辦人承擔的失敗和受到挫折的打擊尤其沉重。優秀的創辦人必須從過去經驗，甚至是慘敗經驗中獲取知識與動力，這需要強大的活力、好奇心與行動力。

　　然而，上述都是相當複雜的人格特質，它們原本就不容易被看出來，何況是要評估一個初次見面的人。創投公司Y Combinator的前負責人奧特曼對創業者的人格特質提出自己的觀察：8

　　　我在尋找鬥志旺盛又令人敬畏的創辦人（這種組合聽起來很罕見）。他必須以使命為導向，全神貫注在他的公司，不

屈不撓，堅定不移。他必須絕頂聰明（這是必要條件，但肯定
不是充分條件）。他必須決斷明快、行動迅速、任性固執。他
必須勇敢、信念堅定、願意承擔誤解。他必須是強大的溝通
者，熱情橫溢的傳道者，同時能夠在必要時變身為強硬的野心
家。

　　這些特質當中，有些似乎比較容易改變。例如我注意到
許多人可以短時間變得更強硬，而且更有企圖心，但人們往往
不是行動迅速，就是行動緩慢，在行動速度上似乎很難有所改
變。我認為行動迅速是非常重要的特質，所以我幾乎不曾投資
那些無法快速回覆重要電子郵件的人。

　　還有一點聽起來或許很普通：我投資過的成功創辦人，
都相信自己最終一定會成功。

　　接下來，我們要把眼光從公司創辦人身上移開，看看在
特定情境下，人格特質的某個面向會比其他面向重要得多。

　　如果你要雇用一位收銀員，那麼「嚴謹性」或許比具有
好奇心及樂於接受新想法的「開放性」來得更重要。（事實
上，樂於接受新想法的人可能很快就或厭倦這份工作，所以比
較不適合聘用他。）所以在面試收銀員應徵者時，完全不需要
考量他們的完整人格特質側寫，但你需要知道他們是否會準時
上班、態度是否良好、能不能確實完成工作。

　　另一方面，菁英戰鬥機飛行員可能需要某種程度的勇敢無畏。湯姆・沃爾夫（Tom Wolfe）的著作《真才實料》（*The Right Stuff*）就是他對這些飛行員的研究，他在書中引述受訪者觀點：「天啊！我們才不會給像你這樣連「瘋狂老鼠賽」（非正式的短程加速賽）都沒參加過的飛行員一分錢。你完全缺乏飛行員的必備特質。」如果你希望這些人能在滿天砲火之中，依舊能毫無畏懼的起飛戰鬥，那麼就要有心理準備，他們的行為模式肯定和傳統對於「嚴謹性」定義大相逕庭。[9]

　　在探討「人格特質」與「收入」相關性的研究中，最好且最精確的研究是針對高智商族群所進行的研究。我們在上一章已經介紹過，但由於該研究方法和結果都很重要，所以讓我們再進一步做深入了解。

　　哥本哈根大學的米麗安・珍索斯基（Miriam Gensowski）重新審視一份數據，那是涵蓋一九二一年至一九二二年加州一到八年級智商分布前0.5%的學生（包括八百五十六名男性及六百七十二名女性，智商分數為140分以上），他們的人格特質也是用跟五大特質理論類似的標準評分，像是經驗開放性、嚴謹性、外向性和神經質。是的，我們知道一九二〇年代已經是很久以前的事，不過這也表示我們能夠取得更完善的資料，掌握這群學生截至一九九一年的實際職涯發展。（必須說明的是，因研究年代久遠，因此這個研究的重點主要是放在男性身

上，而當年女性在勞動市場中所面臨的機會不均等及不公平待遇，與今日不可同日而語。）

研究得到一個顯著的結論：「嚴謹性」對於收入來說確實很重要。男性的「嚴謹性」得分每高出一個標準差，在職業生涯中平均多賺五十六萬七千美元，較平均高出16.7%。（不過還是得聲明，這只能說兩者之間有相關性，不能肯定具有因果關係。）[10]

「外向性」也和較高收入相關。男性的「外向性」得分每高出一個標準差，在職業生涯中，平均多賺四十九萬一千一百美元。此外，對於教育程度最高的男性來說，「外向性」能夠帶來更多的額外收入。

至於「親和性」的影響則剛好相反，愈親和的男性收入明顯愈少。「親和性」得分每高出一個標準差，職涯平均收入大約減少8%，大約是二十六萬七千六百美元。這項結果僅能代表二十世紀特定時期加州高智商居民的情況，但其他研究的結果大多一致，其中部分研究我們也在書中談到。這些人或許只是不夠積極表達自己的意見和需求，而傾向於遵循他人的決定和期待。

此外，在針對募資簡報的系統性研究中也得到大致類似結果。該研究蒐集二○一○年到二○一九年的一千一百三十九場募資簡報，運用機器學習技術將這些簡報按照風格分類。研

究發現，創業投資者普遍喜歡聽起非常積極、高度樂觀的簡報。問題是，最後這些簡報者的實際表現卻往往並不理想。所以，請不要太被創業者的「親和性」左右，因為他們常常無法兌現原本的承諾。相反的，那些「令人生厭」的創辦人會告訴你：「你現在的經營方針完全不對！」「這世界爛透了，已經走上一條錯誤的發展道路！」但最終，他們更有可能真正邁向成功。[11]

人格特質對一生職涯發展的影響

　　這些研究揭露出另一個有趣的問題：「在不同的人生階段中，人格特質何時較為重要，何時又較為不重要？」這裡所謂的重要，是指與收入的相關程度高低而言。當員工在三十歲出頭剛開始工作時，人格特質和的收入相關性較高，在四十歲到六十歲之間逐漸達到顛峰，之後就開始大幅下降。我們不確定如何解釋這個結果，但有一種假設是：你最具獨特性的人格特質需要一段時間才能完全展露，但之後在社會歷練下逐漸磨平，愈來愈符合社會對「成熟者」的人格特質期待。

　　由於珍索斯基的研究只針對高智商者，這讓我們不禁好奇，其他研究是否也得到大致相同的結論。舉例來說，一項針對芬蘭同卵雙胞胎的知名研究發現，一對雙胞胎中，「外向性」或「嚴謹性」較高者通常薪資較高，得分每增加一個標準

差，收入大約增加8%。此外，雙胞胎中「神經質」特質較高者，通常薪資較少。「神經質」為何會減損收入？部分原因是情緒穩定度較低的人，似乎愈不容易在同一份工作中待得夠久，自然無法累積年資、增加收入。「神經質」得分每增加一個標準差，會使預期收入降低大約8%。[12]

上述研究結果與其他文獻大致相同。例如，「嚴謹性」程度較高者，可能在職涯發展上會較為成功，低「神經質」、低「親和性」、高「外向性」的人也是如此，但與此同時，請別忘記在進行人才評估時，情境脈絡很重要。例如，低「親和性」不可能對所有工作來說都是正向的，或許甚至應該這麼說，低「親和性」對多數工作而言都不是一種正向特質。[13]

而哪些人格特質對於哪些特定類型工作最有用？目前這類人格特質研究已經有一些研究成果，但還不完備。雖然這些關聯性尚未得到重複研究的證實，但我們可以從中觀察到一些非常有趣的現象。例如，有人研究美國西點軍校學生歷時十六年的資料，發現學業成績平均點數（GPA）比認知能力更能預測軍旅生涯早期的晉升。[14]

其它研究中總結出更多結果，如下所述：[15]

對於專業人士而言，似乎只有「嚴謹性」程度能預測整體工作表現。同樣的，對於業務工作，只有「嚴謹性」及其子

面向成就、可靠、條理能有效預測整體績效。對於技術和半技術工作，除了高「嚴謹性」外，情緒穩定性似乎也能預測表現。對於警察和執法工作，高「嚴謹性」、情緒穩定性、高「親和性」都是有用的個人特質。在客戶服務工作中，五大人格特質都能預測整體工作表現。最後，對於管理工作，「外向性」子面向支配力與活力，以及「嚴謹性」子面向成就與可靠具有預測力。因此，不同的人格特質組合，可以用來預測在不同職業類別中的工作表現。

有研究得到一個簡單明瞭的結論：個人魅力對執行長來說很重要，但對財務長並不重要，對營運長來說則介於兩者之間。在另一項研究中，研究者透過語言分析比較GitHub開源專案貢獻者以及網球選手的人格特質差異（GitHub是允許軟體開發者發布程式碼並進行交流的網站，目前已經被微軟公司收購）。研究結果顯示，GitHub貢獻者在「開放性」上得分很高，在「嚴謹性」、「親和性」、「外向性」這三項很低，而傑出網球選手所展現的特質則恰恰相反。從針對高度可靠行業（例如機師、軍人等）的研究中可看出，這些工作需要高度「外向性」、高度「嚴謹性」，但是低度「神經質」。[16]

至於哪些人格特質能夠預測一個人在科學領域中能否成功？研究中是以論文發表數量（而非收入）作為判定是否成功

的標準。整體來說，科學家和一般大眾相比，有著更高的「嚴謹性」，以及更低的「神經質」，顯示他們更加成就導向，而且情緒更加穩定。這樣的結果一點也不讓人意外，真正有趣的是：和全體科學家相比，傑出科學家較可能強勢、傲慢、不友善、過度自信。此外，他們和比較不出色的科學家相比，思考和行為都更具有彈性。這一點和我們之後會介紹的觀點一致，也就是「嚴謹性」對一般性職務而言很重要，但對領導職務來說並不重要。[17]

道德和誠實的重要性

當然，「買者自慎」（caveat emptor），不過，五大人格特質還是一個能夠幫助你評估與尋找人才的起點。但在繼續談下去之前，我們想要特別強調一個非常關鍵的基本特質，也就是道德和誠實。我們可以回到安霍創投共同創辦人安德森的洞見，他為我們提供一條最重要、最明確、最值得重視的人才評估建議：

道德問題很難透過心理測驗看出端倪。
所以，請注意應徵者經歷或推薦信中透露出的**任何**道德瑕疵，然後竭盡所能避開這些人、避開這些人、避開這些人！

　　不道德是一種天性，罪犯轉變為聖徒的機率微乎其微。

　　這是一個適用於所有職缺的建議，因為職場中的道德敗壞會像癌細胞般擴散，劣幣終究會驅逐良幣。而你周遭那些道德敗壞的人（其中一些還可能是你自己聘進來的）會尋找各式各樣的藉口，來讓自己的糟糕行徑合理化。聘用不道德的人毫無好處可言，而且才能愈高的人日後帶來的麻煩往往也愈多。畢竟如果道德敗壞者沒什麼能力，或許還不會讓公司中的不滿情緒蔓延得那麼快、那麼廣。

　　在一項研究者蒐集五萬八千五百四十二名員工的資料中，發現二十人之中就有一人最終因為成為「有毒員工」（toxic worker，所謂「有毒」，是指性騷擾、職場暴力、偽造文書、詐欺，以及其他工作上的惡劣不當行為）而遭解雇。很不幸的，這些員工不僅自己行為不端，還會鼓勵其他人也加入問題員工的行列。在強大的傳染效應之下，招到一名「有毒員工」所製造的成本，多半大過於找到一位超級明星員工所能帶來的好處。所以，尋覓人才時不光是要找出明星員工，還要能夠避免聘到劣質員工。[18]

　　只有在你的商業模式是奠基於不道德行為的前提之下，聘用不道德的人才可能為公司帶來好處。然而若是如此，我們根本不想為你提供任何建議。

認真負責，就是好人才？

在五大人格特質中，「嚴謹性」是最能預測整體工作表現的指標。[19]不過，基於以下幾個理由，把認真負責視為最重要評估指標並不妥當。

首先，如同我們在智力一章中所討論，非認知能力通常對收入較低者比較重要。在本質上，高「嚴謹性」者似乎更容易獲得任用，這是件好事，但並不代表他們未來能夠晉升管理階層。如前所述，對收入在最後十分之一者而言，非認知能力的重要性比認知能力高出二點五至四倍；但是對一般人來說（根據瑞典的資料），認知能力每增加一個標準差所能提升的收入水準，明顯高於非認知能力每增加一個標準差所提升的收入。隨著在企業中職務層級的提升，認知能力和薪資收入間的關係變得愈來愈密切。[20]

其次，「嚴謹性」有可能被用在錯誤的地方，或者至少是身為雇主的你所不樂見之處。如同我們之前提到的動機問題，嚴謹性高的新員工可能非常認真在收集全套漫畫、參加當地的電音派對，或是每天花兩小時游泳。印度小說家維克拉姆‧塞斯（Vikram Seth）就曾分享，他之所以能完成代表作《天造地設》（*A Suitable Boy*），是因為缺乏足夠責任感來完成在史丹佛大學的經濟學博士學位。所以問題的重點在於：「嚴謹性」

這項特質應該被用在**哪裡**？塞斯確實完成一本長篇小說（以及一些續作），並努力精進品質，這本書後來成為暢銷書，也是文學經典。而誠如塞斯所言：「對文學的痴迷推動著我，讓我持續邁向寫作之路。」他最終找到自己正確的人生方向，並為此堅定的持續投注努力。[21]

工作責任和家庭責任有時可能發生衝突，這是一個讓人頗為遺憾的現實。許多職場頂尖人士往往忽視家人或與家人關係相當疏遠。因此，身為老闆和選才者的你也要好好思考，你真正想找的員工是什麼樣的人？在此，我們不敢貿然提出什麼正確的道德判斷，但可以確定的是，員工的「嚴謹性」不見得能在你的商業活動中發揮作用，也不見得能夠用來判斷誰才是頂尖高階人才。

另一個可能造成的問題是，有些高「嚴謹性」者之所以長期堅守崗位，純粹是因為喜歡熟悉的固定工作流程。這讓他們對工作很上手，並能為公司帶來一些好處；但有些人會基於個人利益而不斷加班，或是盡情享受在過程中獲得的滿足感，於是你會看到他們一直很努力的辛勤工作，卻耗費過多時間在熟悉的事務上。久而久之，這將導致組織變得愈來愈僵化、欠缺活力，員工們也傾向於一個口令一個動作的照章行事。

「外化行為」（externalizing behavior，也就是將個人不滿的情緒及動機向外宣洩的傾向）與攻擊性和過動症相關，通常

是件壞事。但對於某些人而言（多半是男性），這樣的特質卻預期會有更高的收入。你可以把這一點看成與「令人討厭」的優勢有關。對這些人來說，外化行為預期他們會有較低的學業成就以及較高的收入。約翰‧藍儂（John Lennon）是傑出的音樂人、才華洋溢的作家，還是善於自我行銷、具有龐大影響力的媒體名人，但他年輕時卻是個喜歡酗酒鬥毆、尋釁滋事的傢伙。披頭四解散之後，他寫了一首〈你怎麼睡得著？〉（How Do You Sleep?）攻擊前樂團成員暨合作夥伴保羅‧麥卡尼（Paul McCartney），這種行徑絕非出於偶然。然而，藍儂是二十世紀最成功的音樂巨星之一。[22]

　　尋找叛逆又討人厭的「邊緣人」，是創投公司日常工作的一部分。對安霍創投的安德森而言也是如此，而且他本身就頗有「邊緣人」氣質。他是出了名的夜貓子，似乎有點多巴胺分泌過盛，說話快、吃飯快，就像全宇宙繃得最緊的那根弦。他時而興高采烈，時而怒氣沖沖，簡直就是個矛盾的綜合體，但這種特質在創投領域的頂尖人才中似乎相當常見。值得注意的是，和安德森共同創辦安霍創投的搭檔是班‧霍羅維茲（Ben Horowitz）。安德森熱情洋溢，而霍羅維茲則比較安靜、比較穩重、比較具有企業氣質。這個組合之所以能搭配得宜，主要是靠他們信任彼此，以及瞬間就能理解對方訊號的默契。普通、認真負責的人並不是他們通常會挑選的人，他們在尋找的

是真正的異類。[23]

　　另一個值得注意的地方是，一些研究發現「嚴謹性」和「團隊合作」之間的相關性似乎很低，甚至幾乎是零，這點我們在第四章曾討論過。如果在團隊的實際運作中，「嚴謹性」並不能促進合作，那麼這個特質或許沒有你想像中有價值。高「嚴謹性」的員工還是可以準時上班，履行一些基本的職責，但是帶來的團隊合作相當有限。「嚴謹性」這個特質很難預測合作，部分原因是這種特質的子面向之一是**小心謹慎**。在某些情況下，小心謹慎可能讓合作行為不增反減，因為擔心其他人不會跟著合作，或者可能因為合作行為偏離既定已知的程序。許多現實世界的合作實例需要一些積極主動的行為，還要膽子大才行，而「嚴謹性」的人不見得有這樣的膽識。

對於「嚴謹性」的其他研究

　　此處要提出一個有用的比較，顛覆你對「嚴謹性」的看法。你對南韓熟不熟？這個人民工作勤奮的國家，在不到兩個世代的時間內從貧窮走向富裕。然而，如果你把各國員工自評的「嚴謹性」程度進行排名，就會發現一個跌破眾人眼鏡的結果：南韓排在倒數第二。儘管如此，如果你依照工時對國家進行排名，南韓排在世界第一。

　　這意味著什麼？這些指標沒有價值嗎？還是或許南韓人努力工作是因為金錢和社會壓力，而不是因為內在特質？如果進一步分析排行榜上各國的排名順序，就會發現「嚴謹性」和「工作時數」之間並沒有正相關；而且事實上，兩者間存在（統計上不顯著的）負相關。

　　再次重申，這可能意味著「嚴謹性」沒有你想像中那麼有用，也許你真的需要找的人，是一些看起來沒那麼認真，但會對你的激勵有所反應、能真正有效完成你所交付任務的員工。如果不認真的員工會模仿認真員工的行為，那麼至少在某些情境下，或許你要尋找的最佳人才特質不見得是「嚴謹性」。高「嚴謹性」工作者認真負責行為的背後，甚至有可能代表缺乏彈性。[24]

　　讓我們進一步加深你對「嚴謹性」特質的懷疑。近期有西班牙的研究發現，「嚴謹性」特質和「在新冠肺炎流行期間確實配戴口罩」之間沒有相關性。這樣的研究結果似乎與一般認知相互牴觸，或許是這些研究有問題，不過也有可能表示「嚴謹性」概念在跨時代、跨地域的長期發展之下，已經與一般日常對這個詞彙的理解出現相當程度的落差。[25]

　　有時候，組織領導人可能認真過頭，而非不認真。我們並不是說所有領導人都必須是騙子，但是領導力通常包含創意與膽識，再加上重新設想充滿風險的未來的能力，而這些特質

在每天準時打卡上班的人身上未必見得到。如果馬斯克沒有在喬·羅根的podcast直播節目上吸大麻，他可能麻煩會少一點，但是一個沉著穩重版的馬斯克，大概就沒那種熱情來打造Space X和特斯拉了。有時候，領導者必須決定何時該打破規則，或至少改變規則。

統合研究與上述觀點一致，研究表示，對於比較複雜的任務和高階職位，嚴謹性在預測工作成功上是比較不重要的指標。我們在想，對於領導者和創造者，大家是否高估他們需要「嚴謹性」的程度，而或許「神經質」與工作績效的相關性也有一定程度被低估了。本書一再反覆這個主題：能有效預測普通員工表現的特質，不見得能有效預測頂尖員工和明星員工的表現。[26]

最後，也許也是最重要的，身為潛在雇主，你不一定想要預測員工的薪資，原因我們在上一章解釋過。比方說，假設「嚴謹性」這樣特質值得讓員工拿到你特定部門的大部分薪資，而這點你肯定清楚。但是身為雇主的你，還是不見得要聘用高薪人員，你反而想聘用**被低估**的人才。

五大人格特質理論中沒有太多嚴肅的研究可以幫助你確認這些人，部分原因是很難衡量一個人對於利潤的真正淨貢獻，即考量你必須支付的工資後的貢獻。最重要的是，雇用認真勤奮的人這樣的想法，並不是什麼新奇的概念，而要說目前

有什麼特質有反應在市場工資上，那嚴謹性和勤奮絕對榜上有名。在本質上，「嚴謹性」在市場上太容易被定價，價碼也太一致了。

耐力的重要性

我們發現，把嚴謹性、恆毅力和所謂的**耐力**（stamina）等概念進行比較很有用。我們認為耐力是尋覓人才中最被低估的概念之一，尤其當你找的是頂尖人士、領導者與有重大成就的人才。

關於耐力，經濟學家羅賓・漢森（Robin Hanson）寫道：「一直到我三十多歲，我才終於能夠近距離且長時間觀察幾位相當成功的人，這才注意到一個明顯的模式：最成功的人比其他人多**很多**精力與耐力⋯⋯我想這有助於解釋『為什麼這個才華洋溢的神童沒成功？』的諸多案例，通常他們缺乏耐力和意志力來運用天賦。我認識很多這樣的人。」[27]

羅賓也指出，許多高地位的專業工作，例如醫學、法律、學術界，都會讓年輕人在職業生涯早期經歷一些相當殘酷的耐力測試。本質上，他們是在測試誰具有創造未來成就必備的耐力。（你可能覺得這些測試某種程度是浪費時間，不過在一些競爭非常激烈的環境中，這些測試似乎還存在。）成功的

政治家是另一個會展現出高耐力的族群，許多人似乎對於握手、認識新朋友、競選宣傳永遠不厭倦。所以如果我們遇到一個表現出很有耐力的人，在評估他是否會做出重大影響時，我們會馬上把這種可能性拉高，而這個人就能藉由長期的複合式學習精益求精，獲得加倍的成效。

巴布‧狄倫（Bob Dylan）就是精力無限的最佳例子。他從青少年開始就狂熱研究民謠和藍調音樂，至今橫跨將近六十年的歲月中，他發表過數十張專輯，精通民謠吉他和作詞，並且實驗各種風格，從民謠到搖滾、流行到福音、藍調與美國流行歌曲。他主演或出演過幾部電影，在衛星電台擔任DJ（挑選的曲目都超級棒），撰寫一本引人入勝的回憶錄，獲得諾貝爾文學獎，出版過八本素描和繪畫書籍，在知名藝廊開過畫展，而且幾十年來好像一直在巡迴演出，甚至他的演唱會就名為「永不終止的世界巡迴」（Never Ending Tour），在一九九〇年代和二〇〇〇年代，常常每年演出上百場。雖然二〇二一年底他都已經八十歲了，他還是持續舉辦音樂會（至少在COVID-19疫情之前）。你可能喜歡或不喜歡他的作品，但他確實是耐力驚人，而且他對音樂和音樂以外的世界都有重大的影響。

或者我們看看間諜小說家約翰‧勒卡雷（John le Carré）吧。《華盛頓郵報》（The Washington Post）記者約翰‧萊恩

（John Leen）曾與勒卡雷一起在邁阿密度過兩個星期，協助勒卡雷調查當地的犯罪現場。在臨時合作關係結束前夕，萊恩寫道他對勒卡雷的觀察：

他的精力、熱情和能力實在令我嘆為觀止！他每天都到犯罪現場，花幾個小時慢慢訪談、午餐、晚餐。我的年紀只有他的一半多一點，我都精疲力盡了，他卻從未顯疲態，始終頭腦清晰，觀察敏銳。他已經寫過六本排名第一的暢銷書，錢也多到花不完。他為什麼還想要或需要寫下一本書呢？是什麼讓他持續寫下去？他的動力究竟是打哪兒來？[28]

有時候文獻會談到「恆毅力」，但是我們覺得「耐力」是比較正確的詞彙。恆毅力有時候被定義為「追求對個人有重大意義之長期目標的熱情與毅力」，但那包含兩個層面：熱情與毅力。再者，事實證明，恆毅力和嚴謹性密切相關。在根據嚴謹性調整之後，恆毅力在統計上似乎依然重要的一個特徵，就是堅持不懈的努力，而非熱情。這個結果接近我們所謂的耐力，所以耐力的概念似乎超越嚴謹性，成為恆毅力更重要的部分。理想情況下，你想要的是一種針對那種專注實踐的嚴謹性，以及因此而來的複合式學習，在工作上提高智能。[29]

即使是「不需特殊技能」的工作（這個詞彙我們通常不

認同），耐力也確實重要。舉德沃斯基為例，在疫情之前，他是在葛羅斯的舊金山辦公室工作的銷售人員。在封城期間，一名同事請德沃斯基照顧一株植物，結果他每天早上給辦公室裡的六十株植物澆水。他沒張揚，默默進行。他就是覺得非做不可，完全出於內在動機。Pioneer的員工稱此為「德沃斯基力」（Dworsky strength），因為他的耐力肌群太強壯了，以至於出了很多力卻渾然不覺辛苦。最後，辦公室所有的植物都生意盎然。記得，不管你招聘的職缺層級為何，請務必找有「德沃斯基力」的人。

對於耐力的評估，需要藉由長時間的觀察，很難在短時間的互動中做出判斷。不過還記得我們先前說到「個性在週末時就會展現出來」，嘿嘿，所以不妨問問應徵者的推薦人，應徵者週末時和下班後通常會做什麼安排。而身為面試官的你，需要具備多方面的技能，從多種角度綜合考量應徵者的能力和表現，這同樣是一件需要耐力的事。

| 6 |
人格特質與面試

　　五大人格特質理論不僅是評估人才時的基本通用指南，更是一套避免你被個人好惡牽著鼻子走的制衡機制。此外，人格心理學還有一個重要功能，就是讓你和你的團隊擁有討論與評估人才特質的共同語言。

　　在招募人才、進行面試、與潛在合作夥伴會面的過程中，你也可以問問你的團隊每位應徵者在各項特質上的表現如何。如此一來，就能快速掌握應徵者的長處與短處，建立比較應徵者優劣的基本框架，並且評估應徵者與職務所需特質的相符程度。五大人格特質理論絕對不是明確告訴你誰最能賺最多錢、誰最有創造力的萬能公式，而是一個幫助團隊得以討論和評估人才的**起始點**。

　　更重要的是，五大人格特質理論使用的都是一些「耳熟能詳」的詞彙，能讓你的夥伴們輕鬆的使用、分享，甚至加以

改造、創新。五個特質類別對多數人而言直觀易懂,名稱簡單好記,這也是該理論之所以能成為組織選才過程共通語言的價值所在。

以五大人格特質模型作為面試架構

許多研究者批評並試圖改變五大人格特質模型。例如,有人主張應該增加第六種人格特質,也就是中華文化圈特有的「傳統性」。此外,該理論也衍生出許多變化版本,像是多達十六種的人格因素。當然,當你為基礎理論添加更多因素,就能涵蓋更多不同案例,創造更強的解釋力。[1]

但我們的目標比較簡單,就是為你的團隊打造適合對話交流的框架,並提出**對你來說**可能較為重要的特質。即使「十六種人格因素」(16PF)的預測力更高、更適合科學研究,但你的團隊成員很難完全記得這十六種因素(不信嗎?請試著跟我背一遍,記得要一氣呵成,不可偷看小抄:開朗性、聰慧性、穩定性、支配性、興奮性、有恆性、勇敢性、敏感性、懷疑性、幻想性、靈敏性、憂慮性、試驗性、獨立性、自律性、緊張性)。這些詞彙不僅無法成為共同的對話語言,還會成為大家的認知負擔。況且,為什麼是十六種特質,而不是十七、十八或更多種?難道每個文化、地區、組織都得重新羅

列一份人格特質清單？

　　在以五大人格特質為共同語言的討論過程中，你的團隊可能會發展出新的人格特質概念，這些概念未必普遍適用於其他情境，但對你的部門或組織非常有用。假設你的團隊負責程式開發工作，你可能會特別注重時程控管能力，例如將一名員工關進洞穴裡，準確預測「幾天寫完程式」的能力，我們姑且稱之為「莫洛克能力」（Morlockism）好了；莫洛克是小說《時間機器》（The Time Machine）中的角色。雖然這種特質多半無法有效預測員工的未來所得，也不太可能成為第六大人格特質，但在你的工作之中是個重要的概念。透過得宜的篩選過程與面試互動，你可以對每位應徵者的「莫洛克能力」高低有一定程度的了解。

　　五大人格特質理論（或其他衍生理論）是一種工具，讓分散在人才招募網絡各個環節的資訊得以有效交流。因此，如果你想修改或添加五大人格特質理論，請使用團隊成員日常熟悉的詞彙，而不要試圖照搬那些最流行、最新穎、看起來最厲害的學術用語。[2]

　　如果你對經濟學界的相關理論有興趣，可以參考經濟學家伊斯雷爾・柯茲納（Israel Kirzner）一九七三年在《競爭與創業》（Competition and Entrepreneurship）中對創業精神的描述。柯茲納強調，「警覺性」（alertness）是企業家做出良好商

業決策背後的關鍵變數。看到這個詞，我們一般想到的可能是要對其他人保持警戒心，但柯茲納所說的「警覺性」是一種洞察能力，並非單純遵循正式的規則來努力工作或做出決定，而是一種超越規則的特殊感知能力。然而這樣的能力從何而來？你必須掌握一些與手頭業務有關的潛在人才特質，即使這些特質並非普遍適用。對於人才的「警覺性」，源自你接觸過的任何概念矩陣、實際經驗、原理原則等等。你的工具箱愈充實、愈優質，當你在尋找人才時，就愈可能出現「啊哈！找到了！」的時刻。

在前一章中，我們已經提到「耐力」是有助於人才評估的特質類型。在各種不同的工作類型及情境中，我們還發現一些有用（或有趣）的特質，可能有助於增進招募過程中的對話。

自我提升的複利效應

如同上一章在討論「耐力」時所說的，每一次和潛在人選會面時，都要觀察他們是否有進步的跡象，看看這個人是否會堅持持續提升自己。讓我們再次聽聽 OpenAI 執行長奧特曼怎麼說：

如果你能親自和那個人會面，而且是好幾次，那麼評估
工作就會簡單許多。假設你在三個月內與他會面三次，發現他
每次都有顯著進步，那麼就值得特別留意。與當下的能力相
比，持續進步往往更為重要（特別是年紀較輕的創業者，他們
的進步速度有時非常驚人）。[3]

複利效應對你的投資組合很重要，對人才而言亦是如
此。如果一個人每年的生產力只提高1%，大概要花七十年，
生產力才能多一倍。你多半等不了那麼久，而且區區翻倍也稱
不上表現亮眼，他的能力極限差不多就是你現在看到的那樣。
相反的，如果一個人每年可以提高35%的生產力，這對多數
人而言並不容易，但也並非毫無可能，尤其是思考靈活的年輕
人。假設有人每兩年生產力就會翻倍，只要短短八年，他的生
產力就會是原本的十六倍，這就是複利效應的力量。即使初期
成長看似相對微小，但透過時間的魔法，複利效應將會創造令
人眼睛一亮的絕佳投資報酬率。[4]

你認為多數人才評估者都很清楚自我提升的複利效應究
竟有多高嗎？根據充分的證據顯示，人們往往對指數型成長幅
度的估計相當不準確。假設現在有兩個經濟體，其中一個比另
一個經濟成長率高1%。即便只是高出區區1%，成長速度稍高
的經濟體在數十年後卻會富裕**很多**。另一個例子是在新冠肺炎

疫情初期，很多人（包括執政者）忽視新冠病毒帶來的危機，正是因為他們不善於用指數來思考。當感染人數呈指數型成長，一開始或許是每五到七天就多一倍，這時「目前看來不是很嚴重」的說法，顯然並不符合公共衛生的實際評估結果。事實上，美國當時白白浪費許多準備時間，毫無意識到疫情的指數型成長將以多麼快速且強大的方式向我們襲來。

身為人才評估者的你所擁有的重要技能之一，就是了解一個人是否正沿著複利效應曲線快速提升。多數人格理論只關注一個人當下展現的人格特質，但你應該著重在他的精力、理解力、成熟度、企圖心、耐力，以及其他相關特質是否經歷正向改變。

這就好比如果你要尋找一位優秀的作家，應該注意他是否每天**持續**寫作；如果你要尋找一位優秀的高階主管，應該觀察他如何**持續**提升自己在拓展人脈、運籌決策上的能力，以及如何增進自己對所屬產業的了解。還有在一般情況下，他對接納新想法、接受批評性回饋的開放程度有多高？他是否能夠建立具有韌性的小型同儕團體，讓自己與其他成員相互激勵、提供資訊、傾囊相授？

我們必須再次強調：請不要只考慮應徵者當前的能力水準，而是要衡量他的發展軌跡。因為隨著時間的推移，一個人的成長幅度才是真正的關鍵所在。面對前來應徵工作或申請獎

學金的人，請考慮他的發展曲線以及是否持續自我提升，就像你對一名頂尖運動員或音樂家的期待一樣。

如本書第一章所言，科文通常喜歡問面試者的問題是：「鋼琴家平常會進行音階練習，那麼平常你在專業領域中會練習些什麼？」科文在思考工作問題時，喜歡從音樂家或職業運動員的角度進行類比。透過這個問題，你會知道應徵者是否以及如何讓自己不斷進步；如前所述，你也能從中學到不少。此外，你不只能知道對方實際做了哪些努力，還可以知道他們對於自我提升的**想法**。如果一個人對於自我提升毫不在乎，依舊有可能是值得聘用的好員工；前提是，你對他目前展現的專業程度相當滿意。

對於科文所提出的問題，不錯的回答可能會是：「我會對著朋友練習演說，以精進口語表達能力」、「我會練習一些難解的程式問題，其實沒有特別要應用在哪裡，只是希望保持手感」、「我在鑽研某個科學子領域的知識，想知道把一個領域徹底學好意味著什麼」；而最差的答案就是：「我不知道」。

值得特別留意的幾種人格特質

以下是在評估潛在人才時，我們覺得值得特別留意的幾種人格特質：

堅毅性

具有「堅毅性」（sturdiness）特質者習慣「今日事，今日畢」，生活及工作極度規律，絕不會允許自己長時間一事無成。因此，在負責執行一項長期計畫時，這項特質特別具有價值。也有研究指出，堅毅性能夠幫助新兵熬過軍事訓練，對於一些需要高度壓力管理的工作者也非常受用。[5]

相信你不難發現，具備這種特質的人通常不太需要用到所謂的「莫洛克能力」，永遠提早把事情做完是他們的明顯特徵，因為他們打從一開始就積極行事。

如果你要寫一本書，「堅毅性」肯定是一項強大的美德，而且強大到可能連你自己都意想不到。試想如果你每天只寫一頁，但是你天天都寫，那麼一年就會有三百六十五頁，份量已經比大多數的書都還要多，而且這種速度是大多數專業書籍作者都難以匹敵。

對葛羅斯來說，科文之所以具有如此強大的生產力，就是因為他具備「堅毅性」這項重要特質。科文即使人在遙遠的外地，當結束一天的奔波，回到下榻旅館後，他還是會一如往常開心的打開電腦，開始撰寫新聞專欄、部落格文章或新書內容（對多數人來說，如此多產一定得藉由咖啡因的協助。不過科文既不喝咖啡也不喝茶，我想他應該是有內建發電機）。

生成性

　　有些人一看就充滿活力，他們說話很快、行動迅速，似乎對生活充滿熱情。他們展現高度開放的心態，不斷在腦海中嘗試各種可能的想法組合，希望盡量掌握所有可能，我們稱這種人格特質為「生成性」（generativeness）。如果你和這樣的人為伍，總能從互動中得到許多新想法。原本只有一個粗淺的想法，談著談著突然生成出一個提案、一個政策、一個趨勢預測，甚至是一個創業構想。

　　對於加州灣區的科技及創投業者來說，「生成性」是非常值得重視的特質。科技新創業者兼加密貨幣新創公司投資者巴拉吉‧史尼瓦森（Balaji Srinivasan）就是這種特質的經典例子。他每天都在Twitter上發表個人看法，主題從媒體、加密貨幣到疫情，範圍相當廣泛。雖然很多內容純屬推測，有時甚至並不正確，但是他確實說中許多非常重要的事。例如，他在二〇二〇年一月就預見新冠病毒危機，指出疫情將重創社會、奪走無數性命、促進在家工作，以及所有人都將戴上口罩。他的先見之明絕非偶然，這是因為他不會輕易接受既有觀點，而是不斷在腦中處理所有可以得到的資訊，探索各種可能性。史尼瓦森對於加密貨幣的看法會是正確的嗎？雖然我們不像他那麼狂熱，但如果你想知道加密貨幣的可能發展方向，就該聽聽

他的看法。

　　總之，無論你是否同意具有「生成性」特質者的見解，
你都無法否認他們的意見具有某種價值，而且往往在你不同意
他們見解的領域價值最高，因為他們總能看到你所看不到的各
種可能。

不安的人生勝利組

　　「不安的人生勝利組」（insecure overachievement）表現總
是在水準之上，卻總覺得自己不夠好。這種（有點「神經質」
的）特質往往伴隨嚴苛的自我對話和過高的自我期待，即使內
心深處知道自己**確實**表現得不錯，依舊無法對自己感到滿意。
因此儘管他們的成就很高，卻可能成為團隊中的問題來源。他
們的高度自我要求，可以激勵和約束團隊中需要推一把的人；
但他們嚴苛的態度，卻總是把表現較佳的人逼得太緊，很難給
予他人欣賞及鼓勵。看看ESPN的麥可・喬丹紀錄片《最後一
舞》（The Last Dance），相信你也會有深刻體會。

　　對自己的表現不安，往往起因於原生家庭。特別是父母
管教太過嚴苛的家庭，有時則和移民家庭背景有關。例如根據
對奧運選手社會心理特徵的研究發現，他們的家庭大多具有非
常重視努力和出人頭地的文化，而且早年歷經某種程度的手足
競爭。

悲觀的完美主義者

我們遇過很多不幸落入「悲觀完美主義」（pessimistic perfectionism）的聰明人，他們總是認為自己的表現永遠不夠好，擔憂職業生涯會一敗塗地，無法達到理想中的最高標準。當你看到有人明明很聰明，卻總是對工作裹足不前，那麼多半就是這種人。

他們沒有「不安的人生勝利組」那種持續產生的幹勁與動力，而是不斷為自己找藉口，以避免面對失敗與挫折感；他們會盡可能讓自己提早失敗，讓事情快點結束，就能重拾掌控全局的感覺。對他們而言，要按下「送出」或「發表」之類的按鍵，是一件非常困難的事。

他們對於人際關係非常敏銳，這正是他們獨特的過人才能（他們的問題或許正是出在無法自欺，畢竟絕大多數的人都稱不上世界一流。但只要他們能對自己的前景樂觀一點，可能就會更有動力）。只要他們不需要負責發起或完成一項任務（也就是不需要做決定、不必對結果負責時），就能發揮出真正的才能，為團隊做出良好的貢獻。[6]

快樂

我們覺得「快樂」（happiness）的特質往往被人們所低

估，忽視它與成功之間的關聯性。始終保持微笑與愉悅感是一種強大的人格特質，能夠確保他們總是願意受邀參與全新的挑戰。和這種人相處很愉快，如果你是個棒球迷，可能聽過芝加哥小熊隊傳奇球員厄尼・班克斯（Ernie Banks）的名言：「來連打兩場吧！」一般球員很討厭一天連打兩場的雙重賽，但他卻甘之如飴。球評史考特・賽門（Scott Simon）這樣評論班克斯：「他用這句話來提醒自己和隊友，無論心中有多少抱怨，都要在人們的歡呼聲中打好每一場比賽。也提醒我們要珍惜生命，珍惜有機會從事能帶給別人快樂的工作。」[7]

「快樂」與「生成性」特質密切相關，因為喜歡在腦中建構全新想法組合的人，往往覺得這樣做能為自己帶來樂趣。不過還有另一種人，他們並非是那種天生有很多想法的人，而是每天一早就充滿熱情的準備處理各式問題，能夠以高度穩定的情緒，自然流露出正向敏感與樂觀積極的態度，對周遭所有人產生強大的感染力。

繁複性

有一種特別的聰明人，他們學識淵博、工作努力，但無法用清楚易懂的方式表達自己的想法。當你問他們問題時，他們的回答總是在舊訊息上層層堆積新訊息，而不是澄清最初的論點。我們稱這種特質的人具有「繁複性」（clutteredness）。

他們具有許多優點，也確實知道很多，正如他們喜歡用長篇大論來表達的那樣；他們說的話和寫的東西之所以那麼複雜，是因為他們的心靈和思考方式就是如此。

很多主管不清楚該如何善用這些人結構複雜的頭腦，才能讓他們展現高度生產力。你絕對不能忽視這種人所能提供的卓越貢獻，但如果是指派他們負責需要清晰思考與溝通的工作，那絕對是個錯誤。

模糊性與精確性

「模糊性」（vagueness）是一種與「繁複性」恰恰相反的特質。思考繁複的人習慣援引大量相關概念，探討不同概念之間的細微區別，卻沒能將它們理清楚；思考模糊的人則會安於使用含糊不清的概念及較不精確的詞彙，完全沒有做概念上的區別。具有「模糊性」特質的人，總是沉浸在討論的樂趣之中，忘記顧及對方經驗，讓聽者對於討論內容感到困惑不已。他們就像一部冗長電影的導演，當你已經打著呵欠問：「我們現在是看到哪一幕？」他們卻還有很多話想說。即使有時內容也可能頗有見地，但很難讓人抓到重點，自然難以打動人心。

相較而言，另一群人則是無法接受模糊不清和沒完沒了的敘述，希望追求有如雷射般精準的想法。具有「精確性」（precision）特質的人通常性格較為內向，他們重視的是精準

傳達，而不是營造志同道合感，所以比較不喜歡對相關細節多做解釋。回到電影導演的比喻，這類人會不斷自問：「我所執導的電影能否為觀眾帶來樂趣？」他們以快速及洗鍊為榮，相當要求論述的嚴謹性，總是簡潔扼要的切中要點，不過有時太過簡潔扼要，會讓同事感到不太舒服。

你或許可以問問自己，眼前的應徵者屬於哪一類？你想找的人又該屬於哪一類？「模糊性」特質的人或許比較適合當業務，而「精確性」特質的人則可能更善於分析工作。

早慧

有研究顯示，科學家首次發表論文的年齡，與日後論文產量及學術聲望相關。此外，科文認為不只是發表，連第一次**投稿**同儕審查期刊的年齡，也能有效預測日後的學術成就。在多數的運動和西洋棋領域，「早慧」（precocity）幾乎可以說是出類拔萃的必要條件。[8]

然而如同第八章所述，相較於男性，「早慧」比較無法預測女性是否有才華。此外，我們不認為這個指標適用於所有職業，例如許多偉大的小說家和道德哲學家通常都不是神童；至於年紀稍長的程式設計師可能比年輕的程式設計師更理智、更可靠，因此「早慧」這項特質對部分工作來說是項優勢，尤其是對於依賴流動智力（fluid intelligence）*而非整合大量知識

的領域，以及需要及早展開職涯軌跡的領域，這項特質能有效預測未來成就。無論如何，請先思考在你所屬的領域中，傑出人才應該要多早開始嶄露頭角，或者其實這點根本不重要。

凝聚性

「凝聚性」（adhesiveness）是一種與團隊合作密切相關的特質，隨著現代生產過程愈來愈複雜、分工愈來愈精細，其重要性不斷與日俱增。具有這樣特質的人能看出團隊中誰需要幫助，並且立即挺身而出提供支援。有時候，運動界會用「膠水人」（glue guy）來形容這類人。社會智力（social intelligence）是難得可貴的能力，遠遠超出你給較籠統的智力賦予的重要性。有團隊精神的人自然會知道團隊中誰在努力、誰在偷懶、誰在試圖凝聚彼此、誰在做些破壞性的小動作等等，並且根據上述直覺，設法撥亂反正。之前我們已經談過道德、認真盡責等團隊技能，但能夠察覺團隊問題，並運用社會智力加以介入解決更屬難得。最近的一項研究發現，「團隊技能」與「團隊整體智力」對生產力的貢獻相當。[9]

要判斷應徵者是否具備團隊技巧，最直接的方法就是直

---

* 編注：流動智力是指受先天遺傳因素影響較大的心理能力，例如邏輯推理、抽象思維、對空間關係的認知、事物判斷反應速度等。

接問他:「請舉例告訴我們,你曾經在工作上發現並介入哪些團隊問題?你如何解決這些問題?」有些人會鬼扯瞎編出一些答案,不過更多人會直接愣在那裡,什麼話都講不出來,即使他們在其他方面展現高度生產力,但就是不擅長做社會性思考。要知道應徵者有沒有團隊精神,只要看他有沒有能力分析並陳述組織內的社會性問題,並提出建言。

其他特質

本章所討論的人格特質,其價值會隨著你所屬的產業特性與職缺性質而有不同。我們能給你最有利的建議,就是請和你的團隊一起開發專屬的人格特質框架。透過腦力激盪後,你們應該能達成共識,認定哪些特質對你們的工作很重要(只要你願意質疑自己的判斷),並建立共通語言以求討論的共識。

除了上述特質以外,你還能想到哪些重要特質?

有一個特質我們覺得特別重要,那就是**覺察、理解和攀登適合自己工作階層的能力**。換成另一種說法,也就是一個人非常想了解並掌握達到顛峰所需的條件。

比方說,科文遇過很多讓他驚豔的青少年西洋棋士,他們確實聰明絕頂,也有能力獨立工作。當然,他們明白輸贏的概念以及輸贏等級分數,但是他們很難讓眼光超越西洋棋等級

制度，看到他們其實沒有什麼實質成就；換言之，他們只看得到眼前事物。西洋棋給他們短期的正向回饋，以及一票西洋棋友，所以他們繼續在這個領域追求成就，但往往到了四十三歲卻沒有一份真正的工作與健保，有的只是漸漸走下坡的未來。反之，肯尼斯・羅格夫（Kenneth Rogoff）這名出色的西洋棋士，在某個階段離開棋界去哈佛大學當教授，後來也成為世界級的經濟學家；當然，也獲得更好的報酬。

　　或者我們來看看早期的部落客吧，裡頭不乏絕頂聰明和勤奮努力的人，有些人至今仍穿著運動褲，坐在爸媽家的地下室寫一些有趣的貼文。但是以斯拉・克萊恩（Ezra Klein）當時看見部落客的發展趨勢，所以與人共同創立 Vox 網站，後來又成立一家新創公司，之後跳槽到《紐約時報》，追求更高的社會地位。「曲木」（Crooked Timber）部落格作者亨利・法雷爾（Henry Farrell）則是共同創辦「猴籠」（The Monkey Cage）部落格，持續在《華盛頓郵報》上發表，發揮極大的社會影響力。梅根・麥卡德爾（Megan McArdle）從部落客成為專欄作家，為《野獸日報》（*Daily Beast*）、《彭博》（*Bloomberg*）和《華盛頓郵報》撰文。

　　這些人了解自己的起始點，並發展策略朝著頂峰往上爬。他們有比其他部落客聰明嗎？也許有，但他們真正與眾不同之處是有能力找出新方法，攀爬成就的圖騰柱，試圖從狹窄

的視角開拓更寬廣的視野，以看見圖騰柱的全貌。

葛羅斯則在新創圈看到太多年輕人忙著參加一個又一個的會議，對於收到他人給予的正向回饋深感滿意，認為自己聰明、辯才無礙、似乎前途無量。他們也可能利用 Twitter 建立個人檔案，享受眾人按讚及轉推，但實際上，評估他們的未來前景，還是要視他們的專案成果和公司規模。如果他們遇到一位知名創辦人，他有可能問：「你怎麼找到並雇用你的前五名員工？」而不是問你對於冥想的態度或對哈拉瑞（Yuval Harari）的看法。

覺察、理解和攀登適合自己的工作層級是非常困難的能力，多數人往往會選擇待在舒適圈，或是將目光專注在太小的目標上，例如該怎麼存放書籍，或是該怎麼安排辦公室。以學術界為例，助理教授可能會花時間清理資料集（這是恰當之舉），但卻忽略維持研究的熱情與動力，例如把研究聚焦在真正重要的大哉問上。因此，如果有人特別善於辨識階層、能夠正面交涉、積極向上爬升，就可以看出他們能夠看見大局，知道如何運籌帷幄，而不是讓自己困在不安全感之中。這顯示他們願意接下最重大的挑戰，即使一開始不擅長那些挑戰，還是會主動找到協助，或是下功夫自我進修。

還有一些人選擇的目標太大或太不明確，或是達到目標的過程中缺乏有用的輸出、測試點和檢查點。如果應徵者大膽

表示「對於消除所有疾病以外的事，我一概不感興趣」，你有何感想？就連（尤其是在）世界衛生組織（WHO），那都不是個很務實的態度。容我重申，專注在「太大」，就像專注在「太小」一樣，這都是預兆，不安全感、盲目、缺乏遠見將阻礙一個人攀登成功的重要階梯。

　　知道如何覺察和攀登正確的工作層級，是最嚴格但也是最全面的測試之一。那是需要具備情緒的自我調節、洞察力、企圖心、遠見、按部就班，以及在生活與工作上井然有序，才能達到的境界。每當你看到應徵者有這種能力的跡象時，請務必詳加觀察。如果種種事蹟顯示應徵者對工作層級一無所知，就必須給他大扣分，至少需要持續動力與長時間學習的工作都不適合他。[10]

　　還有另一個比較少被討論的人格特質，就是研究者所謂的「病理性需求迴避」（pathological demand avoidance）。但我們覺得這個學術詞彙太具負面價值判斷，所以傾向使用「需求迴避」。用日常語言來說，擁有這種特質的人很難乖乖聽老闆命令行事。他們**清楚看見**職場中的階級運作，並為此感到痛苦，認為職場中的很多要求是強人所難，而且是不公平的強人所難。

　　這樣的看法絕非全無道理，畢竟大多數職場確實會給員工一些不合理、缺乏意義的要求，有時候甚至過分到極點。誰

沒遇過很糟糕的老闆或主管呢？然而問題在於，「需求迴避」的人不擅長把事情「吞下去」，然後若無其事的繼續工作，也不太能讓自己從職場負面情緒中抽離，導致怨念不斷累積。他們確實擁有絕佳的洞察力，許多批評也有其道理，但那只會讓他們的生存處境更加艱難。

　　往好的方面想，「需求迴避」的人比較容易自行創業。如果你不喜歡聽命行事，那好，你就自己當老闆吧！（如果你有辦法的話。）不過，這類人多數終究沒能當上老闆，連在部門中當個小主管都沒有。請留意「需求迴避」的應徵者，他們往往非常聰明、口齒伶俐、敏感度高，這些特質容易給人留下好印象。如果在天時地利人和的情況下，他們也可能非常有生產力，只是這樣的情況可遇不可求。這些人當中不少是學者或是創業者，但有更多是天天咒罵老闆、習慣一直換工作的人。務必提防這類人，免得之後讓你為難。尤其如果你本身就是「需求迴避」者，（沒錯，老闆當然也會！）通常會想給他們更多體諒與寬容，不過請別忘了：你是老闆，而他們不是。

　　最後一個我們覺得也很重要的特質叫作「選擇性親和」（selective agreeableness）。事實上，在五大人格特質理論中，「親和性」是我們覺得最有問題的部分。如果你還記得，我們之前提供的定義是：「高度親和性的人較願意與人相處、幫助他人、同理支持他人並能合作。親和性低的人比較可能競爭心

強、愛唱反調。」很多非常成功的人其實相當不親和，史提夫‧賈伯斯（Steve Jobs）就是一個很好的例子，他會因為產品設計不夠漂亮而嚴厲斥責團隊成員。然而，當我們觀察這類人的職涯成就（無論是高階或低階），很難相信「高親和性」與「低親和性」的二分法能夠符合現實情況。那些取得卓越成就的人，似乎都非常擅長在特定關鍵時刻「選擇性**不親和**」；但在其他情境中，他們也可以是非常出色的外交官和合作者。

回到Apple公司的創辦人。《成為賈伯斯》（*Becoming Steve Jobs*）作者布蘭特‧史蘭德（Brent Schlender）這麼寫道：「賈伯斯很清楚知道如何得到他想要的東西，在談判桌上總是軟硬兼施。」[11]賈伯斯本身並不討人厭，他只是極度以目標為導向。他就像一個善於影響聽眾情緒的演奏家，不管是透過迷人的魅力還是討人厭的反感，賈伯斯總是能夠演奏「正確旋律」來達成他的目標。而且這招非常有效，葛羅斯就最好的人證，他早年在Apple工作過，後來Apple收購他的其中一家公司。

所以，我們在這裡要問個更另類、更複雜且更細緻的問題：「你的應徵者能夠選擇性親合，但在必要時展現令人討厭的樣子嗎？」這樣的特質確實較難檢驗，但這個問題依舊很有價值。對於能夠逆向思考的人才發掘者而言，領導團隊時可以是超級強人，必要時又可以變身為親切外交官，這樣的人極具

優勢。

多元視角

最後，面試官要尋找的一項珍貴特質是：一個人具有多少不同的思考框架可以使用。這個主題也可以放在第四章討論，但是我們認為這種特質和智力仍然有所不同。有些人基於個人經歷與性格，熱衷於盡可能發展更多的不同視角。這可說是一種好奇心，但並不只是那種淺嚐輒止的好奇心。他們對各種思考框架、理論模型、文化傳統、科學規律充滿好奇，這正是促使約翰‧彌爾（John Stuart Mill）成為偉大思想家與作家的關鍵。另一個年代距離我們較近的例子是 Stripe 執行長（同時也是活躍的作家）柯瑞森，他談論的內容總能借鏡經濟學、科學、歷史、愛爾蘭文化、科技及許多其他領域的觀點。

因此，我們會想知道應徵者是否會試圖弄清楚「工程師如何解決問題？程式設計師的思考模式有何特殊之處？經濟學家如何思考？主管和員工的視角有何不同？」看看他是不是一個對多元思考框架感興趣的人。或許他也會把對問題的思考拓展到職業範圍之外，例如：「摩門教的上帝觀為何？這種觀點對摩門教的世界觀有何影響？」或者「美國人和加拿大人的觀點為何有很大的差異？」不過，請別期待對方能像專家一樣回

覆那些問題（雖然那樣很不錯），而是要觀察他們能否運用目前所擁有的多元概念來試圖理解這些事物，以及，如果他們有時間和意願，能否對上述問題有更深刻、準確的了解。

　　這是一個評估應徵者是否具備多元開放態度的好方法，無論是對同事、客戶，還是對你。科文有時把這樣的過程稱為「破解文化密碼」，了解眼前這個人在面對不同文化及思考方式時，是否能展現足夠的接納與理解？是否願意投入時間和精力繼續深化？他是否真的清楚這樣做的意義為何？

　　如果你希望增進自己的這種優勢特質，或許可以利用旅行度假讓自己突飛猛進。當你身處在國內或國外的陌生環境，你能多快理解並融入其中？穿越維吉尼亞州進入西維吉尼亞州時，會發現有何不同之處？究竟是什麼原因讓海法（Haifa）感覺起來與以色列其他城市不同？峇里島人民在鬥雞時，真的樂在其中嗎？這些問題乍聽之下不像面試問題，但理解不同文化卻是未來趨勢所在，包括身為面試官的你。長遠來看，訓練自己理解不同文化的能力，不僅讓你更能發現不同類型的人才，還能學會如何更好的帶領他們。

　　這樣的趨勢反映出職場中種族議題的重要性與日俱增。也就是說，應徵者擁有的思考框架是否多元到讓他們能回答以下問題：「如果你是黑人，在一個全是白人的社區長大是什麼感覺？」「異族通婚的潛在壓力是什麼？」或「在學術界或科

技界還有哪些隱而不顯、常被人們忽略的種族問題？」隨著勞動力逐漸走向文化多元，這種能力對應徵者和你的團隊而言會更加重要。不過，你要探索的不只是應徵者能否回答問題，而是他們是否真的理解問題背後更具廣泛性的問題，那正是他們具備多元思考框架能力的表現。

多元視角對生產力的影響往往受到低估。矽谷之所以能夠成功，部分關鍵在於許多人已經掌握未來所需的多元思考框架。他們集結各自不同的願景，找出彼此之間可行的共同點，進而蛻變出一間間新創公司。

類型配對策略

我們在前面已經討論過許多特質，讓你可以透過應徵者職涯簡歷及面試來**主動**評估人才。接下來，我們要介紹另一種較為**被動**的評估方式，那就是葛羅斯最愛用的「類型配對」。我們在觀察他人說話、手勢、用詞、造型風格時，總會聯想起類似氣質的人，面對應徵者時自然也是如此。這樣的自然反應是好是壞？許多文章探討過這個問題，主張應該設法壓抑這種人類天生的心理傾向，以避免產生偏見。然而研究顯示，那些試圖減少「無意識偏見」的訓練成效根本微乎其微。既然難以避免，我們決定採取反向做法：擁抱並鍛鍊天賦的「類型配

對」能力，不過前提是要採取有效的進行方式。

　　新手面試官因為經驗有限，所以要找到可配對的對象並不容易。如果這是你第一份工作的第十場面試，你當然沒有太多資料可供比對。但隨著面試經驗的增加，這個問題就會逐漸變小，尤其當你是和形形色色來自不同背景的人一起共事。

　　在那之前，有個具有實驗性質的方法能幫你快速擴增資料庫，那就是「看影片」，特別是有關企業職場的電影或電視劇。這個方法之所以有用的原因有二：第一，你會「看過」更多人，有更多機會把某些人聯想在一起；第二，如果你和團隊成員都看過相同內容，就更容易彼此交流與共享觀點。例如聽到「他很像《我們的辦公室》（The Office）裡的吉姆·哈柏特（Jim Halpert）」，大家腦海就會浮現那單純討喜的特質；而「她簡直就是《國務卿女士》（Madam Secretary）裡的伊麗莎白·麥考德（Elizabeth McCord）」，則傳達出有條不紊的領導力形象；至於「他讓我想起《24小時反恐任務》（24）中的大衛·帕默（David Palmer）總統」，那令人肅然起敬的形象立即躍入眼簾。

　　如果談的是職場上的人才，那麼《白宮風雲》（The West Wing）和《國務卿女士》之類的影集可能比《蜘蛛人》（Spider-Man）更符合你的需求；不過如果要討論的是前衛藝術家或流行音樂人，那麼《蜘蛛人》可能會比較有用。科文有

時會忍不住拿職業西洋棋士來做類比，但他這個癖好基本上毫無功能，因為沒人知道他講的棋士是誰。

我們建議把「類型配對」策略當成加強輔助的工具，而不是溝通的基礎。虛構角色是為娛樂性（而非正確性）而生，是和現實生活中的人相比，其人格特質總是有些誇張。我們並不建議機械性的將每位應徵者都對應到電視劇人物，而是把媒體當成增廣見聞的管道。藉由媒體，你可以擴展自己對於不同類型人物的想法，特別是你平常很少接觸到的人物類型。當你看多了不同性別、種族、個性的角色，因而培養出獨具慧眼的強大識人能力，就能發現別人所視而不見的璞玉，這將是身為人才發掘者的一大優勢。

自知之明很重要

最後，當你在解讀手中潛在員工的資料時，務必記得**你的公司**在所屬產業中的位階高低。如果你的公司位居產業之巔，那麼選才過程自然和你在中低位階公司時截然不同。尤其如果你不是在所屬業界的最頂端，顯而易見的優點反而可能變成缺點，反之亦然，這是因為選擇性效應所造成。

比方說，如果你是為 Apple 或 Google 招募程式設計師或管理人才，你只需要從一大群頂尖應徵者中挑選具備合適特質的

人，完全不用分神思考「這個人**為什麼**來這裡？」沒錯，你
該問的是「這個人**憑什麼**來這裡？」畢竟不是每個人都適合
Apple 或 Google。頂尖人才湧向頂尖公司的原因有很多，通常
並不需要用太龐大複雜的理論就能輕鬆解釋，因為這些公司許
多新進員工起始年薪高達三十萬美元以上，而且可以參與許多
有趣專案，獲得持續進步與發展的機會。

　　如果你的公司位於產業的中層或底層，情況則又是另一
回事。因為並非每個人都想進去你的公司（或許多數人根本
不想），而且不論目標是否實際，他們都將目標設定在更好的
地方；這種情況又被稱為「格魯喬・馬克思效應」（Groucho
Marx effect），因為這位戲劇明星曾說他不想加入於任何願意
接納他的俱樂部。

　　如果你的處境和絕大多數公司（包括我們在內）一樣，
就必須謹慎思考「這批人是哪裡**有問題**」。有一些人看起來很
不錯，面試表現可圈可點，也都能符合你的標準。但那麼一
來，你就得開始緊張了，或許他們有什麼問題是你還沒發現
的，否則他們為什麼還沒被其他更好的公司錄用？他們為什麼
想來這裡？會不會是因為他們缺乏自信？還是因為個性其實很
差勁？還是他們只打算把你的公司當跳板，一旦找到更好機會
就離職？我們特別注意到有一群高學歷、才華出眾的人，一輩
子在不同工作間換來換去，他們總是焦躁不安、感覺不快樂，

始終無法安定下來。即使他們的表現好到值得被長期聘用，多數時候你還是應該避開這種人。

當然，思考這些問題讓人感到不太舒服，多數人並不喜歡直接面對它們，因為可能會讓你不禁開始懷疑：「我自己是不是也有什麼問題？」儘管如此，當一位應徵者看起來好到令人難以置信，或許他真的非常優秀，但你還是必須弄清楚，他為什麼會想和你一起工作，而不是去這個產業中的 Apple 或 Google 上班。這意味著你必須認清自身組織的弱點，了解誰對你們來說是「能得到的」人才，誰又不是，並判斷何種情況可能是美好的例外。

在評估應徵者時，你必須弄清楚可能會接受你條件的特定應徵者哪裡「有問題」，在得知答案前絕不可掉以輕心。「為什麼**這個人**想要來這裡工作？」有可能是因為應徵者的配偶在附近工作，也有可能是知道自己的極限在哪裡，所以希望找個溫暖融洽的環境以發揮所長。而一間較為平庸的公司反而更有機會創造這種環境，聰明的應徵者能夠看出這一點，因而欣然接受這樣的平庸。

同樣的，「格魯喬‧馬克思效應」意味著除非你在產業金字塔的頂端，否則不該執著應徵者必須具備某些特質，即使那些特質聽起來非常好或理論上非常重要。確實，擁有智力絕倫、魅力四射的人才是一大好事，但現實是，如果你的公司

不是Google、Apple或哈佛，卻堅持尋覓智力或魅力絕佳的人才，最後只會事與願違，並為此「付出代價」，甚至招募到一些具有其他嚴重隱性缺陷的人。因此，當你的公司在產業中的位階愈低，招募時就愈需要考慮具有合適特質的人，而不是一心要找頂尖人才。

如此一來，當你看到應徵者的缺點時，很可能會感到如釋重負，甚至欣喜若狂：「啊，他們會想在這裡工作，原來是因為**這樣啊**！」要這樣想其實並不容易，畢竟評估者大多以發掘頂尖人才為己任。這樣的自我形象並沒有錯，但請記得人才沒有絕對的好壞標準。在招募過程中，你最重要的任務是找到合適人選，而不是一切盡善盡美的完人。因此，辯證性的人才評估視角非常好用，能夠幫助你建立找出他人缺點的能力，並且帶來積極正向的配對結果。

當你認真思考團隊成員應該具備哪些特質時，就會浮現另一個需要坦承面對的問題：**組織的真正需求**。組織總愛對自己喊話，說自己有多大膽創新，但這樣的描述其實只適用在特定情境下的極少數組織。因此，在招募人才時一味尋找開拓型創新者，說穿了是一種管理上的自欺欺人。請誠實面對組織的真正需求，去思考：有沒有可能公司真正需要的並不是創新者，而是穩健可靠的員工？有沒有可能你真正崇尚的是「忠誠文化」而非創新人才，只是你不願意承認？請以開放心態看待

以下事實：你對組織的描述並不完全正確，而且徵才時最大的
敵人可能就是你自己。請不要為了維持自我感覺良好，而犧牲
發現更適合的人才、帶來更高品質結果的可能性。

| 7 |

被低估的身心障礙人才

　　氣候運動者格蕾塔・童貝里（Greta Thunberg）過去幾年來始終是世人目光的焦點。成名時才十六歲的她，之前被診斷有自閉症，這個症狀常被人視為一種身心障礙。她在Twitter個人檔案中描述自己為亞斯伯格患者，那是和自閉症密切相關的疾病（在美國精神醫學學會的《精神疾病診斷與統計手冊第五版》中，已經取消亞斯伯格症這個病名，並納入較廣泛的自閉症診斷）。

　　二○一九年，童貝里在她的Twitter頁面張貼一張舊時照片。照片裡的她獨自坐在瑞典議會外面靜坐抗議，身旁放著告示牌；因為沒有人注意，她一臉沮喪。但不到一年的時間，她就成為全球最知名、最具影響力的名人之一，Twitter追蹤人數高達兩百七十萬，並且持續增加中。二○一九年秋天，她領導「為全球氣候罷課」運動，獲得超過四百萬人響應。她因此得

到諾貝爾和平獎提名，並被《時代》雜誌評為二〇一九年度風雲人物。

　　即使你不同意童貝里所說或所做的一切，她確實成功引起大家對氣候變遷的廣泛關注。她的成功為我們上了重要的一課，那就是：有「障礙」的人之所以能發揮驚人影響力，不是因為他們「克服」了障礙，而是**因為**他們有障礙。許多自閉症患者在表達上很直率；關注社會正義，甚至到了癡迷的地步；對有興趣的事很專注投入；對虛偽相當反感。正是這些特質促成童貝里的呼籲，進而推動她的成功。[1]

　　童貝里說話的聲音辨識度很高，這或許也和許多自閉症患者聲音中不尋常的韻律有關。我們從未看過有其他知名演說家像童貝里這樣，她很快就能切中要點，說話風格讓人印象深刻。而這似乎正是氣候變遷議題所需要的：吸引社會的目光與關注，激起大眾的強烈情緒。

　　自閉症特質可能和童貝里的成功相關，但還有另一個重要原因。由於自閉症患者在社會上往往被邊緣化，他們可能覺得反正自己已經一無所有，因而選擇在想法和事業上願意冒更大的風險。他們是最不容易被「體制」收編，最能拒絕循規蹈矩思維模式的人。至於他們所擁有的不同且獨特認知模式，這部分容後再敘。

　　童貝里這麼描述自己：「我看待這個世界的方法不太一

樣，會試著從另一個角度……在自閉症光譜上的人通常會有
一些特殊的興趣……我可以連續好幾小時做同一件事。」[2]

我們之前提到過的PayPal創辦人提爾也在許多演講上表
示，「身為亞斯伯格患者」有助於讓自己避免受許多社會趨勢
的影響，因而能保有思考原創性。在前史丹佛大學教授法國博
學大師吉拉爾的薰陶下，提爾堅信人類的行為模式帶有強烈
的「模仿欲望」（mimetic desire），也就是人們正渴望與追求
的一切，從該吃什麼、穿什麼，到該爭取怎樣的身分與地位，
往往並非源於個人內在需求，而是對他人欲望的模仿。（他對
吉拉爾理論框架的了解，有助於他精準預見Facebook日後的
成功，因為他知道大眾渴望向世人展示自己所擁有的身分與地
位。）

然而，如果每個人都在模仿彼此，那麼誰會成為原創的
思想家？以自閉症和亞斯伯格患者為例，或許正因為他們處於
社會壓力與模仿欲望的普通迴圈外，因而保留強大的原創能力
及不墨守成規的思考。確實，他們有時**無法**循規蹈矩，但這可
能鼓勵他們的思想朝著新的不同方向發展。就如二〇二一年，
馬斯克曾在《週六夜現場》（Saturday Night Live）節目中「自
曝」是亞斯伯格患者（目前正式的名稱應該是自閉症患者）。

你可能認為童貝里和馬斯克只是個案，但或許他們代表
著更廣泛的趨勢，告訴我們如今可供發掘的人才多元性更勝以

往。童貝里不僅是女性及自閉症患者，她成名時只有十六歲，而且並非居住在主流媒體及政治運作的核心地帶。如今，擺在我們面前的問題再簡單不過：你希望順勢而為找出獨特人才，還是要讓他人在人才發掘領域中更勝你一籌？

在本章中，我們會把重點放在心理障礙者（在某些案例可能是推定他有這方面的障礙），但是我們認為大部分內容同樣適用於身體障礙者，甚至是看起來似乎完全沒有身心障礙的人。無論你對本章討論的主題是否感興趣，請把這些內容當成是額外的例子，目的是告訴你：**凡事不要只看表面**。

非典型的智力與能力

談到發掘人才，我們建議你先去了解各式各樣的障礙、為什麼你會希望聘用有這些有障礙的人，以及為什麼你會**因為**他們的障礙而想要聘用他們。事實上，我們對使用「障礙」這個詞有些疑慮，畢竟並非每種障礙最後都會成為求職者各方面的不利條件。或許我們可以給予障礙另一種定義，也就是「人類在能力範圍或類型上的差異，普遍被認為會限制人類的表現，但實際上這類判斷無法有效預測當事人的實際表現與成就」。[3]

如果你是身心障礙者，請不要生氣，或者認為我們想要

否定你所經歷的一切。對於不畏自身障礙勇往直前的人，以及辛苦支持他們的家人，我們始終抱持敬佩之情。在我們的討論中，我們並不是要鉅細靡遺的描述障礙者經驗，或探討所有可能議題；我們所使用的語言也可能無法讓每位讀者感到滿意，例如有人使用「自閉症患者」，有的人則比較喜歡「有自閉症的人」，這類意見往往非常分歧而難有定論。

我們想告訴你：以正向態度認識及看待身心障礙，有助於提升你找到人才的能力。也就是說，在討論身心障礙議題時，我們會著重於障礙可能帶來的積極意義，因為那是多數人往往最難意識到的部分。所以，請先將用語爭議和政治正確擺在一邊，而是將焦點放在如何在他們之中發掘出被低估的人才。

為了讓討論架構明確，讓我們先指出障礙可以透過至少三種機制來反映或增強才能：

1. 把精力放在他處，轉個方向。
2. 補償和適應，也就是彌補最初的問題。
3. 「超能力」，障礙人士所擁有的**認知優勢**。

接下來，我們會逐一探討以上三點。

把精力放在他處，轉個方向

就拿讀寫障礙來說，其定義是一個人在學習閱讀、解讀單詞及字母和其他符號上有困難，但並不影響他在一般智力上的表現。曾有少部分研究指出，有讀寫障礙的人比較可能成為成功的企業家；然而，我們不認為兩者具有因果關係，也不認為這種說法完全可靠。不過值得注意的是，兩者之間確實存在相關性，一如我們之前在其他議題中所提到的，要發掘潛在的企業人才，不見得非得要有因果關係才是有用的關聯。

我們為什麼要將讀寫障礙者潛在的企業家天分，視為把精力轉而放在他處的例子？這個嘛，很多有讀寫障礙的人無法處理生產過程的每一個細節，因為他們無法閱讀所有的細節，也無法以必要的準確度和速度來詮釋所有相關符號。因應之道就是重新分配精力到自己可以勝任的事情上，像是主要扮演領導角色，但審慎選才和下放職權。所以，有讀寫障礙的人可能會創辦自己的事業，並把自己不擅長的任務分派下去。從這個例子我們再次學到，表面上的障礙能夠與職場可能的優勢相關聯。即使有讀寫障礙的人在閱讀、書寫、解讀訊息時可能面臨挑戰，但不要把他們貼上標籤，就此認定他們的表現較差。

再者，或許我們很多人當中都有一種「現狀偏誤」（status quo bias），傾向規避風險，為維持安穩現狀而不願創業；相

反的，具有讀寫障礙的人反倒因為他們的（部分）障礙而被逼著去創業，因為如果他們「維持現狀」，習慣於無聊或重複的工作，那麼前途就會更加渺茫。因此，他們可能會往其他新方向揮棒出擊，而且最終收入更高，而且有可能改變世界。從這個角度來思考，或許真正該被稱為「障礙」的，其實是大多人心中的自滿想法與規避風險。

英國億萬富翁兼維珍集團（Virgin Group）創辦人理查・布蘭森（Richard Branson）解釋他的讀寫障礙如何在職業生涯中幫他一把：「它（我的讀寫障礙）幫助我放大思考的格局，但說話簡單扼要。商業世界常常陷在一堆事實和數字裡；雖然細節和資料很重要，但作夢、概念化和創新能力才是導致成功或失敗的關鍵所在。」換句話說，對某些人而言，無法專注在所有的細節上，反而會讓他們把注意力分配到更重要的大局上。[4]

布蘭森甚至表示，讀寫障礙者將有利於未來的職場競爭。這樣的意見純屬推測，但我們還是想讓你敞開心扉，試著聽聽看各種可能，而不是提供你關於閱讀障礙的全面說明。如果你明白為什麼上述說法**可能**是正確的，那麼你就比較容易欣賞他人才能與美德，包括讀寫障礙。根據估計，全世界有讀寫障礙的人數可能高達七億人之多。因此，當你打算對於讀寫能力看似不在行的人下定論時，或許可以先停下來想想，當你這

麼做，其實就已經跨出第一步。[5]

　　把精力投注在某處是個普遍的主題。根據定義，幾乎每種障礙都意味著一個人（至少一開始）在某些能力的表現低於平均。很多人對那個最初缺陷的因應方式，就是將精力投注在其他不同的能力上。因此，障礙成為能力專業化的潛在指標，而能力專業化是一項非常有利的優勢，尤其是在這個快速變遷且更加複雜的世界裡。

補償和適應，也就是彌補最初的問題

　　談彌補和適應這個主題，比上一個主題更違反直覺，但當我們在思考障礙時，卻又是個重要的主題。障礙人士可以被導向其他與他們障礙無關的領域，並在該領域出類拔萃，甚至可能被導向最初被視為障礙的領域，並且表現出色。這是怎麼辦到的？讓我們來看看下面這個例子。

　　有時候，障礙可能會讓一個人的精力轉移到某個重要的特定領域上。達西・斯坦克（Darcey Steinke）曾在《紐約時報》寫了一篇文章，解釋為什麼她的口吃就某方面而言也是一種好事：「我人生的一大諷刺就是，我的口吃有時候讓我受苦，卻也促使我對於語言著迷。如果我沒有口吃，就不會有動力寫作，更不會創作出有節奏、容易說、也容易讀的句子。對

於文字的迷戀將我推向一個職業，讓我始終燃燒著渴望溝通的火光。」[6]

另一個例子是心盲症（aphantasia），指的是無法在腦海中進行視覺想像，也就是說，你不能用「心靈之眼」隨意召喚出視覺影像。有為數不少的人有心盲症（大約占2%人口），但卻渾然未覺，通常是因為他們一向憑藉直覺，因此從未知道其他人**能夠**執行這個功能，自然不會知道自己缺少這項能力。你可能認為心盲症會讓人無法從事視覺導向的行業，畢竟他們在這個領域處於極端不利的地位。然而事情並非如此。舉例來說，據說很多在電腦圖學（computer graphics）領域工作的人有心盲症。其中一例就是皮克斯與華特迪士尼動畫工作室前總裁艾德·卡特莫爾（Ed Catmull）；另一例是奧斯卡獎得主葛連·基恩（Glen Keane），他創造出動畫《小美人魚》（*The Little Mermaid*）中的角色愛麗兒（Ariel）。[7]

我們不確定為何會有這樣的關聯。為何無法在腦海中進行視覺想像，卻能激勵一個人為大眾媒體創造出傑出的影像作品？為何心盲症患者會對影像專業技術深感興趣？或許，「創造令人讚嘆的視覺影像」對他們來說是非常精采迷人的事；或許，正因為他們的腦海中並未充斥著影像，才能創造出更加有趣的作品；又或者，心盲症所造成的大腦差異，使他們具備某種認知優勢。不管原因為何，心盲症很可能是你雇用某人來完

成視覺影像創作的理由，而不是拒他們於千里之外的理由。

　　知名遺傳學者克萊格・凡特（Craig Venter）被認為有心盲症。他的主要貢獻是領導第一個團隊定序人類基因體，並首次用合成染色體轉染細胞。遺傳學這個領域充滿圖譜與視覺類比，關於DNA的核心事實通常以視覺形式呈現，例如錯綜複雜的螺旋。一個心盲症者怎麼可能最終成為這個領域的主要領導者？可能心盲症者被引導去建立一個補償性的分析框架，以代替普通的視覺圖像，而或許那個非視覺框架非常有利於進一步的智力進展？我們還是得說，我們不知道，但重點是，你不該用對於障礙的膚淺理解，來排除某個人在與其障礙相關領域上成為頂尖人才的可能。

　　另一個例子是盲人律師。你可能認為他們很難閱讀和消化相關的法律與法庭文件，但其實有很多變通辦法，像是運用文字辨識軟體，可以將書面文字轉換成語音；許多盲人律師甚至**會將法條倒背如流**，因為相較之下，查找資料對他們更加困難。美國全國盲人律師協會成員人數達數百人，前華盛頓州副州長塞勒斯・哈比布（Cyrus Habib）就是一位盲人律師。我特別提出這點，並非告訴大家每位盲人都可以或應該成為律師，只是有時我們以為的弱點或障礙，其實可以被當事者所打敗或超越。

　　接著，我們來看看另一個常見的障礙：注意力缺陷過動

症（Attention Deficit Hyperactivity Disorder，簡稱ADHD）。
我們對於過動症患者的刻板印象，就是不會專注在任何單一主題太久，做事三分鐘熱度，經常從一件事換去做另一件事。有些人因而被退學或不斷更換職業，或是必須依賴適當的藥物治療。然而我們同時注意到，有很高比例的成功人士似乎在某種程度上都具有過動症的特徵，即使他們並沒有被正式診斷出來。他們容易分心，但程度沒有到混亂、無效率的地步；相反的，他們會把自己的分心轉變成一股推力，督促他們完成大量的工作和學習。

　　諷刺漫畫家對於過動症有個過度簡化的印象：假定過動症迫使人一直轉移注意力。好吧，讓我們暫時接受這個假定。然而，**被迫**做任何事其實是個很大的潛在動力。必要時，就把你的兩個專案並列，只要你從目前正在做的專案中分心了，就切換到另一個專案；通常，不覺得被迫要做什麼事的員工，才是最大的問題。你有沒有想過，為什麼那麼多人可以坐在機場裡候機，卻**什麼事都不做**？我們總是對於這種現象感到訝異，因為這也意味著生產力的損失。

　　換個角度思考，假設你有過動症，而你希望讀一本厚厚的書。這件事似乎難度很高，對嗎？但事實並不一定如此。你可能會找個方法，例如把即將翻到的下一頁，視為是對上一頁的「分心事物」，如此一來，你就能一頁又一頁的繼續讀下

去。也就是說,當補償機制就位,外在障礙就不見得是障礙,反而可能成為認知優勢。事實上,許多過動症患者似乎都培養出一種機制,讓自己吸收大量訊息,又一直保有動機,或是擁有高度動機。

現在,你可能會想了解公司裡的過動症患者們(不管他們是否經過正式的診斷)有哪些有別於其他員工的能力與傾向。舉例來說,有些員工可能對於新鮮事特別感興趣,並且不斷在尋找新問題的解決方案;然而這對一般員工來說,會覺得這樣的「活動」讓人暈頭轉向,他們比較傾向於用已知的方法,去解決已知的問題,認為遵循這樣的方法,即使工作量大也能掌控全局。我們並不是說任何的歸納陳述都適用於每個人,只是你必須意識到人的異質性,明白人類認知確實是多元的。

還有很多與自閉症患者有關的實例,能證明可以將原本的障礙轉化為優勢,或至少是部分優勢。到目前為止,我們已經知道許多自閉症患者在寫程式、數學及其他技術學科上相當厲害;這件事幾乎都變成老生常談了,有些公司(特別是在科技業)還會專門雇用自閉症患者從事此類工作。這樣很棒!但是接下來,我們要進一步了解,自閉症還能如何幫助人們扮演好自身角色。[8]

比方說,自閉症治療師東尼・艾伍德(Tony Attwood)在

過去的臨床經驗中發現，表演工作者是自閉症患者的人數比例很高。這些人小時候社交能力發展較不成熟而必須學會假裝，然後一路從小裝到大，這樣的經歷可能讓他們長大之後特別擅長於表演工作。這讓我們必須再次提醒一件事：不要被刻板印象所束縛，請保持開放心靈，接納各種令人驚訝的可能性。[9]

　　另一個常見的誤解是：自閉症患者缺乏社交能力，甚至對於自閉症的定義，是把社交能力上的缺陷視為自閉症的核心面向。但是比較正確的見解應為：把自閉症患者看成在社交能力上有高度差異，並指出他們通常無法和社會習俗及常規同步；正因如此，他們能夠用特殊的洞察力看出社會的許多問題，或者從嶄新的角度來理解情境。比方說，許多自閉症患者很快就能看出潛藏在雞尾酒會或高等教育中荒謬的惡整儀式。進一步來說，當自閉症患者遇到社交情境時，通常他們會吸收**過多的**社會訊息，不知道如何整理或處理，於是感到迷惑。沒錯，這確實是一種障礙沒錯，反映出自閉症認知背後排序原則的一些問題；不過，重點仍在於自閉症患者要處理大量（高於平均數量，有時甚至是過量）的社會訊息。如果自閉症患者透過鑽研和練習，學會善加處理訊息，他們對於社會情境可能會相當有洞見，即使他們無法掌握非自閉症患者可能更容易理解一般看待事情的所有角度。[10]

　　以科文為例，他認為自己的成功大半要歸功於「閱讀早

慧」（hyperlexia）。他說自己從很小的時候，識字和閱讀速度就比其他人快很多，也比別人更容易吸收訊息。閱讀早慧通常和自閉症患者偏好收集資訊的傾向有關，不過科文並不覺得自己的社交能力比較低，他在溝通技巧上也毫無障礙，然而溝通能力差卻是正式臨床醫學給自閉症的定義之一。[11]

關於自閉症還有另一個常見的誤解：自閉症患者都很內向，因此不適合從事需要個性外向的工作。這個觀點把自閉症和人格特質的概念混為一談，但其實自閉症主要是一種認知類別。實際上，許多自閉症患者還蠻外向的，樂於與人打交道，個性相當直率；有些自閉症患者甚至在分享或談論個人興趣時，還可能外向**過了頭**。事實上，有些自閉症患者確實**表現出**內向的樣子，但部分原因是他們在各式社交場合中受到的待遇令他們沮喪，並不表示他們天生性格傾向就是內向的。目前，我們還不清楚自閉症患者平均而言是否本質上較為內向、是否純粹因為對某些社交場合理解不佳而表現得較內向，或者是否這些根本毫無關聯。不管怎樣，請不要對還不確定的事情倉促下結論。如果你把自閉症患者和「內向、書呆子」畫上等號，就是把不同類別混為一談，最後會錯失很多有才華的自閉症患者，而他們或許正是你想招募的珍貴人才。[12]

舉例來說，微軟發現「有自閉症的應徵者（通常）無法通過最初的電話篩選，因為他們可能只會回答『是』或『不

是』，或者無法在電話裡好好展現其他能力，並做詳細說明。」[13]為了因應這個難題，微軟將招聘流程做調整：讓應徵者可以用電子郵件取代電話面試；讓應徵者有機會先做模擬面試；讓應徵者選擇用自己的筆電來寫程式，而不必在其他人面前寫白板。微軟認為，這樣的流程能幫助他們發現更多有才華的自閉症人士。

也請記住，關於人格心理學的歸納不太可能適用於自閉症患者。比方說，像是「嚴謹性」這樣的類別可能不是一個通用的特質，而是取決於對特定領域的動機強弱而定，這本來就是人格心理學的弱點，對於自閉症患者來說更是如此，因為他們通常對於特定領域有強烈的「偏愛」。一般來說，在面試或審查自閉症患者時，千萬不要期待能得知這一點；不過，尤其當你意識到這一點時，請不要去找整體「嚴謹性」的線索，而要看對特定相關領域嚴謹性（與否）的線索。至於面試流程，請記得自閉症患者比較不習慣、也不會喜歡「以故事來思考」，所以如果你想把他們帶入敘事模式，效果可能會很差。當然，我們不可能期望在面試過程中診斷應徵者，只要記得：對於同一個問題，人人皆有各式各樣整理訊息的方式。

要了解「補償」在障礙中扮演的角色，有個經濟學的清晰框架，是一九八七年大衛‧傅利曼（David Friedman）所寫的文章〈溫暖氣候下的冷屋與寒冷氣候下的暖屋：合理供應

暖氣的悖論〉（Cold Houses in Warm Climates and Vice Versa: A Paradox of Rational Heating）。傅利曼文章中的基本觀點（雖然他沒有明說）是：對最初劣勢的補償，可能導致更高層次的能力或成就。就引用傅利曼舉的例子來說，如果你住在寒冷氣候地區，你可能花很多錢在房屋保溫上，所以整天房子都很暖和；相反的，如果你生活在平均氣溫攝氏十五度地區，你可能根本沒有中央暖氣系統，所以晚上可能會很冷。[14]

　　上述種種都和人類的障礙有關。如果你有某種障礙，你可能需要在該領域更努力，大幅調整。雖然這是個負擔，也會讓很多人打退堂鼓，但也有人最終會有更出色的表現。只要記住前面我們提到的斯坦克，口吃讓她更字斟句酌，因此而成為一名更好的作家。

「超能力」，障礙人士所擁有的認知優勢

　　即使你認為身心障礙根本來說就是劣勢，但很多障礙整體看來，其實帶有補償優勢。而且有時候，那些優勢可是厲害到足以讓你瞠目結舌。

　　漫畫家戴夫・皮爾奇（Dav Pilkey）的人生故事中有個詞叫做「超能力」（superpowers）。皮爾奇是暢銷童書作者，作品銷售量達數百萬冊，像是《英雄狗超人》（Dog Man）系

列。皮爾奇對他的讀寫障礙和過動症直言不諱,當他公開露面時,總會有讀寫障礙和過動症的孩子前來請他簽書,用行動表達他們對漫畫家的認同。皮爾奇有一次受訪時表示:「我不把它叫做『注意力缺陷過動症』,而是稱之為『注意力缺陷過動樂』(Attention Deficit Hyperactivity Delightfulness)。我希望讓孩子知道:你沒什麼問題,你只是有不同想法,而有與眾不同的想法是很棒的事,這個世界需要想法不同的人,這就是你的超能力!」[15]

在此,我們摘錄皮爾奇接受訪談的部分內容如下:

採訪者:聽說你小學上課時得坐在走廊?

皮爾奇:以前大家並不了解這類症狀。我想,老師看到的只是我又在搗蛋和干擾大家上課。我就是無法乖乖坐在椅子上,並且閉上嘴巴。所以二年級到五年級的老師就把我請出教室,在走廊坐著。這對我來說反倒是件好事,因為我就有時間可以畫畫、創作故事和漫畫。我想我是因禍得福。

認知優勢對自閉症患者來說也有好處。自閉症患者的認知優勢,有在研究文獻中記錄並重複的如下所列:

● 在偏好的領域中有收集資訊與整理知識的強大能力。

- 在偏好的領域中有察覺並收集訊息細節的強大能力。例如科學就是明顯的例子。

- 強大的模式辨識能力,並能注意到模式中的細節。

- 強大的視覺敏銳度和卓越的音調感知能力。

- 較不可能被視錯覺騙倒。

- 對沉沒成本較無偏見。

- 較不會受到行為經濟學所謂「框架錯覺」(Framing Illusions)及「稟賦效應」(endowment effect)的影響,從這個角度來看,他們更有可能採取理性的決策方式。

- 較有可能具備高超能力,例如用數字、符碼和密碼,進行出色的運算。

- 閱讀早慧,通常包括能以極快的速度閱讀和記憶大量的閱讀素材。

- 強烈的是非觀念和社會正義感;可以說,自閉症患者較有可能更重視「對事不對人」的正義要求,而不重視周遭的人當下的主張。

並非所有自閉症患者都具備上述能力,但自閉症者擁有相關強大能力的比例確實高於非自閉症者。已有眾多研究證實,自閉症者在瑞文氏圖形推理測驗(Ravens Progressive Matrices Test)中表現出色,這種測驗主要是用來測試個體在

流動智力、空間感知、邏輯推理、進階抽象思考上的能力表現。自閉症者在瑞文氏測驗中的表現，比在魏氏（Wechsler）智力量表的得分平均高出30個百分點，有時甚至高出70個百分點，主因是魏氏智力量表比較重視語言文化等形式知識。受試的自閉症兒童中，有三分之一在瑞文氏測驗的成績位於90百分位數以上。普遍來說，研究發現「較高的自閉症遺傳風險」與「較高的智商」間具有相關性。[16]

此外，自閉症者比非自閉症者擁有更高的自發性基因突變機率。較高的突變機率，使得自閉症可能與其他不同疾病同時出現，即使這些疾病並非由自閉症所引起。這會讓自閉症者在某些方面變得「更不尋常」，對他們的生產力帶來正面或負面的影響。[17]

二〇〇一年到二〇〇二年間，科文聘請實驗經濟學家弗農‧史密斯（Vernon Smith）及其團隊到喬治梅森大學任職。史密斯在幾年後榮獲諾貝爾獎，他的團隊也有卓越表現，科文的決定顯然是個明智之舉。史密斯是知名的「亞斯伯格自閉症者」，他曾多次公開講述自身經歷，並將極度專注與職業倫理歸功於自己的自閉症特質。雖然史密斯擁有眾多優點（包括他非常和藹可親），但此次招聘過程並不容易。史密斯有聽覺處理障礙（這是與自閉症有關的特質之一），所以他未必能清楚意識當場的口頭約定，需要有中介者幫忙弄清楚這一點，而那

個人正是科文。此外,在史密斯考慮是否加入喬治梅森大學的過程中,金錢並非是他的首要考量因素,他比較在意能否享有最大程度的自主性,去完成他想做的研究計畫。在相關條件符合需求的前提下,史密斯和他的團隊接受科文的邀請,儘管還有很多學校捧著高薪等著想聘請他們。[18]

在自閉症患者之中,天寶・葛蘭汀(Temple Grandin)是最有名、也最引人注目的一位,她在視覺思考與圖像思維方面的表現特別優異。她曾寫道:「我在一九七〇年代開始我的職業生涯,當時我設計牛隻處理設施,我以為每個人都和我一樣用圖像思考。我在繪製鋼筋混凝土結構的平面圖之前,我就能看到完成的結構。但我現在知道,大多數的平面圖不是那樣設計出來的。現在,我所設計的設施與設備幾乎遍布所有的大型牛肉加工廠。**和我相似的**視覺思考者發明並創造出當今使用的聰明絕頂設備,例如非常精巧的輸送系統和巧妙的包裝設備。」葛蘭汀也寫過許多關於自閉症的文章,令人毫不意外,她的文章也強調視覺思考有可能是認知優勢。[19]

或者,再來看看荷西・瓦爾德斯・羅德里茲(José Valdes Rodriguez)的例子。他在二〇一九年成為報章雜誌的報導對象。當時的他才十歲,被診斷出有自閉症,會說四種語言,還能背出 pi 的值到小數點後兩百位。他在加拿大的維多利亞市修微積分預備課程,未來立志成為職業天文學家。羅德里茲將

來會是個可以聘用的好人才嗎？很有可能，但是我們還不知道。你應該再仔細觀察他嗎？答案大概是肯定的。[20]

在前面討論的幾種障礙外，你可能還會想知道：思覺失調症患者或更多具有思覺失調病質（schizotypy，是指能夠反映較高思覺失調症風險的一系列人格特質光譜）的人，在某些工作上是否同樣具有優勢，即使只有部分優勢？

在此必須說明，我們發現關於思覺失調和躁鬱症[*]患者的文獻很難解讀，部分原因是許多論文的數據完整性較低，而且樣本數相對較少。有許多文獻指出，具有思覺失調病質的人往往深受以下徵狀所苦：局部處理缺陷（也就是他們太迅速、太不分青紅皂白轉移到全面判斷）、工作記憶缺陷、無法保持注意力、行為缺乏章法、極不容易激動和過度容易激動、過度以推測來構成概念、過度接收來自右腦的訊息、妄想以及其他問題。我們不會對上述證據提出異議，更毫不懷疑這會加重雇主負擔的人力成本。[21]

儘管如此，我們還是很訝異的發現，有大量研究發現精神分裂病質（有時還有躁鬱症）與藝術創造力之間存在正相關。這表示思覺失調病質可能會增進某些特定類型的洞察力。

---

[*] 編注：目前「躁鬱症」已更名為「雙相情緒障礙症」，此處為便於讀者閱讀而沿用舊稱。

　　許多偉大的創作者都曾被貼上思覺失調或躁鬱症的標籤，從文森・梵谷（Vincent van Gogh）、傑克・凱魯亞克（Jack Kerouac）、約翰・奈許（John Nash）、布萊恩・威爾森（Brian Wilson）、艾格妮絲・馬丁（Agnes Martin）、巴德・鮑歐（Bud Powell）、卡蜜兒・克羅岱爾（Camille Claudel）、愛德華・孟克（Edvard Munch），到瓦斯拉夫・尼金斯基（Vaslav Nijinsky）等人，這一大串名單簡直可以當成搜尋藝術電影時的關鍵字。

　　相較於電影中的軼事趣聞，研究者更重視藝術創造力和思覺失調疾病之間的緊密關聯。比方說，思覺失調病質通常和「更能取得較不常見的語義關聯」有關，可能與「左腦優勢相對減弱和右腦處理可用性增強」有關。思覺失調病質的指標與創造力指標相關，此外，思覺失調症和躁鬱症的多基因風險指數，似乎也可預測創造力。也有遺傳證據指出，思覺失調症、躁鬱症和其他心理健康問題和其他與教育程度較高相關的遺傳因素有關聯。[22]

　　當代首屈一指的音樂創作人肯伊・威斯特（Kanye West），以其創造力和多才多藝聞名，他最近公開承認自己被診斷出有躁鬱症。他在一首歌中以饒舌唱出：「看到了嗎，那是我的第三人稱，那是我的躁鬱症⋯⋯那是我的超能力而不是障礙，我是超級英雄！」[23]正如你所料，這首歌引發爭議，

因為肯伊把對很多人來說是個大問題的躁鬱症做渲染美化而飽受抨擊。把躁鬱症看成超能力而且沒加上足夠警語或許有些危險，不過，這無法改變躁鬱症和思覺失調症與創造力存在某種程度正相關的事實。[24]

　　思覺失調症和對於至少某種社會訊息的敏感度兩者之間似乎也有關聯。比方說，如果來自右腦的訊息以較不嚴格的方式過濾，那麼有思覺失調病質的人可以非常敏銳，也許在一些情況下甚至過於敏銳。這些人通常可以抓到其他人無法察覺的社會關聯或微妙的社會線索，或想像出其他人看不到的各種可能。

　　他們在某些面向極度包容開放。他們可以具體表現極端字面意義的相反情況，這點或許能說明他們和創造力之間的某些關聯。他們常有驚人之舉，多半沒什麼正當理由可言。就因如此，有思覺失調病質的人也許有偏執傾向，或者相信很多不正確或不甚正確的社會事實。他們也傾向對他人的目光反應過度，別人的無心之舉，他們卻硬是推論對方刻意為之。在刺激的本質和由此產生的想法與感受之間，存在高度的注意力不集中與相對不清楚的來龍去脈，而這可能會帶來幻覺和錯覺。可能會有誇張的自我意識，並過度在意自己在社會秩序中的地位。[25]

　　上述特質很複雜，但重點是，許多這類人士可能有卓越

的創造力，並且在某些情況下也有卓越的辨別力。他們可能相
當有創造力，新的想法源源不絕。他們也可能具有社會洞察
力，能感知別人察覺不到的社會真理，即使他們的判斷不完全
可靠，就如同「心智解讀」時許多思覺失調患者所反映出的缺
陷。所以如果你想了解對社會狀態的一些洞見，聽聽新穎的創
意選擇，不妨問問思覺失調症患者的意見，問完後也去問問自
閉症患者。[26]

你可能會提出異議，擔心思覺失調症、躁鬱症患者，以
及或那些有思覺失調病質的人，會在職場上造成問題。然而，
現在不是討論「服藥有沒有效」、「那些負面特質能否有效控
制」的時候，請記得我們談的是如何尋找真正的人才，而不是
單純招募一般員工。所以，當你遇到一位才華洋溢、但可能帶
來破壞的人才時，不論他是否患有思覺失調症，你可能不會雇
用他從事必須進公司的全職工作。但是，請考慮其他可能性，
例如遠距辦公（根據產出支付報酬）、兼職諮詢、購買他們的
作品、投資他們的公司，或是聘請他們擔任顧問或智囊團。

同樣的，我們的目標不是提供你對於思覺失調症、思覺
失調病質或躁鬱症確切的科學理解。我們真正期待的，是打開
你的心扉，接納另類可能，發掘真正人才，不管對象是否患有
思覺失調症。

重新思考「障礙」的箇中意義

　　最少最少，請你思考並內化以下提醒：不要讓刻板印象主導你的思維。我們並不是說美好的結果是所有人、甚至多數有障礙之人的現實，我們也不是在否認這當中實質上可能牽涉的困難，即使對非常成功的人來說。我們是在說常見的障礙是複雜的現象，可能有其優勢，有時候甚至是重要的優勢。身為人才發掘者，你必須盡可能面面俱到，找出別人錯過的人才。通常這表示要知道外顯的障礙不一定絕對是工作上的劣勢。

　　在本章中，我們主要針對所謂的認知障礙，但是身體障礙的議題也值得關注。在尋找人才時，你可能會遇到許多有運動障礙、面部異常或皮膚病等其他可能情況的求職者。我們不會將這些障礙一一列出來探討，但我們要傳達一個概念：當代社會仍經常陷入「外貌主義」的窠臼，期待聰明「有能力」的人符合特定的外貌，不管是行動、舉措或聲音皆然。請盡可能努力把自己從這樣的偏見中解放出來。不管你在某些方面的思想有多開放，或者不管你在多大程度上試圖克服種族主義或性別歧視，你還是可能成為外貌主義的俘虜，而這一點少有媒體關注。請務必避免只看外表。

　　如前所述，我們不覺得「障礙」一詞完全合適。通常有障礙就有相對無礙的**能力**，但「障礙」一詞還是通用。在我們

求才的這個脈絡中,「障礙」一詞因為可以能帶來價值震撼,所以還是有用。「通常你想要聘用障礙人士」或許是更難忘的名言,特別是對你的團隊來說,而不是更準確的「所謂的障礙通常意味著能力和缺陷的複雜組合,而或許那些人是勞動市場上被忽視的個體」。無論如何,障礙是個相當複雜的概念,整體來說不見得都是負面的,尤其當你要尋找的是特殊情況的人才和異類。

我們不期望你能夠馬上解決所有問題。只要記住:障礙是個複雜的概念。那些具有顯而易見的障礙者,很可能會成為一名相當優秀的員工。因此,請務必對他人保持開放的心態。

| 8 |
被低估的女性與
少數族群人才

　　克萊門汀‧雅各比（Clementine Jacoby）的背景相當與眾不同。她在二〇一五年從史丹佛大學畢業，下一步呢？直接引用她的話就是：「我離開史丹佛後，想當一名職業馬戲團表演者。」沒錯，她過去曾經在墨西哥和巴西的馬戲團演出，專長是空中吊環。於是大學畢業後的第一年，雅各比都在教雜技表演。有趣的是，她的學生不是想進太陽馬戲團的人，而是巴西幫派分子。她在幫派輔導轉職計畫中教導雜技，協助那些人徹底脫離犯罪生活。[1]

　　上述經驗讓雅各比對犯罪和違法問題有更深刻的了解，她相信可以藉由某些策略來幫助犯罪者改過自新。接下來她進入 Google 工作四年，先後擔任 Google 地圖和 Android 系統的產品經理，這份工作讓她獲得組織運作的經驗，也讓她認識很多科技人才，並從他們身上學到很多。

看見被低估與壓抑的那群人

時間來到二〇一八年，雅各比渴望改善世界的想法再度湧上心頭。她想成立一間名為Recidiviz的非營利組織，目標是協助監獄評估哪些受刑人對社會危害的可能性較低，具備提早獲釋的資格。簡單來說，她想將自己的資料分析專業，導入美國刑事司法系統。雅各比向科文的「新興創投」提交申請，希望爭取足夠資金，以便辭掉工作全心創辦這個非營利組織。科文很喜歡她的募資簡報，幾天後就匯給她一大筆錢，而且完全沒再過問其他問題。雅各比終於可以正式辭職，一步步實現她的計畫。

過沒多久，新冠肺炎疫情突然在全球各地爆發，Recidiviz就此大放異彩。當時美國許多州打算釋放部分囚犯，紛紛與雅各比接洽，希望知道可以優先考慮讓哪些囚犯出獄，以減緩疫情在監獄中的蔓延情勢。在Recidiviz的協助評估下，最終有數萬名囚犯獲釋，因此拯救很多寶貴的性命。光是北達科他州，就在一個月內循序漸進釋放約四分之一的囚犯。如今，Recidiviz成為相當成功的非營利組織，吸引數百萬美元的額外資金挹注。[2]

回想起當時和雅各比的視訊會議，有幾件事讓科文印象深刻。首先，她不想從非營利員工資料庫中尋找傳統的營運人

才，而是從科技界認識的朋友中，聘請兼具才華與熱情的創造性人才。其次，她決心採取一些看似「奇怪」的經營方式（日後組織的成功已經證明，那其實一點也不奇怪），像是大幅削減自己的薪資、願意承受組織前景未明的壓力，而且缺乏未來職涯規劃。就科文的經驗來說，這通常是個好兆頭，顯示她是由衷相信這個計劃，而且義無反顧的投身其中。

事實上，科文和雅各比在第一次會議時，完全沒有一見如故的感覺。視訊會議的確很順利，但她並未展現一般創辦人身上所散發的某種魅力，只是純粹、冷靜的講出事實。當然，這種風格也確實符合她對 Recidiviz 的願景：一家給予政策制定者建議的數據分析公司，她的募資簡報也勢必得要展現理性的數據分析專業。

還好，科文對於兩人的對談有適切的期待。雖然雅各比表面上看起來並不熱情，但科文清楚知道，她正試著在這個女性處處受限的職場叢林中努力前進。我們之後會深入討論這個議題，當女性在面對男性面試官時，往往沒有多少情緒展現的空間，很難在符合社會期待的同時留下深刻印象，例如許多面試官不喜歡女性流露出太多堅定的自信，會說她們「笑容太多」。科文認為，雅各比能在重重限制之下恰如其分的推銷自己和計畫，而且她的計畫內容詳盡且令人印象深刻，於是當下就決定撥款。

雅各比是個很好的案例，能幫助我們理解接下來要探討的議題：如何克服（至少能減少）因性別和少數族群身分而引發的一連串偏見。在生活中，你或許覺得自己是追求社會公平的鬥士，但在職場及面試場合中，你非常可能依舊抱持偏見。在這裡，我們不可能列出社會上存在的每一種偏見（例如：「採訪來自莫三比克的人時，應該要注意什麼事情」），所以我們把重點放在一些日常普遍發生的課題。你可以將其視為一種基礎結構，自行延伸應用在自身遭遇的情境與問題之中。

接下來，我們首先將探討和女性相關的偏見，然後提出化解偏見的幾種方法，並討論如何讓自己在種族問題上多些敏銳、少些偏見。必須聲明的是，我們的論述大體上是以美國為背景，無法完全涵蓋其他文化（例如東南亞華人）的偏見。我們的目標是要指出大方向，而不是詳述每一個可能存在的偏見，希望透過這樣的分析，幫助你克服自己或身旁同事的偏見，無論你的文化背景為何。

身為白人男性的我們很清楚，本章談到的許多事情我們永遠無法透過親身經驗來切身體會，而且無論我們多努力，偏見都可能存在我們的論述之中。我們在本章中所採取的口吻，是對著在各種情境中占據權力地位者說話，試圖讓他們認清深植於自己內心深處的各種偏見。

這樣的決定並非是對擁有權力者抱持成見，而是因為我

們相信這樣做，才能讓本章發揮最大效力。如果你在閱讀時感
到冒犯，請試著理解與調整，不要認為我們有意將你排除在討
論之外。我們撰寫這一章的真正目的，就是希望能創造出更多
的關注、討論與反思。

如何看待對女性的職場偏見？

　　令人遺憾的是，絕大多數有關男女差異的爭論總是讓人
感到洩氣與無解。爭論往往聚焦在性別差異究竟如何產生，應
該歸咎於先天遺傳和生理構造，還是歸咎於後天環境和社會化
的影響。

　　雖然我們同意這些爭論有其重要性，但在此，我們選擇
刻意將它擱置不談，因為這些問題不僅已經被人談到有點過
頭，而且可能干擾我們真正想討論的議題。與其重新審視詹姆
斯·達摩爾（James Damore）的論點是否構成性別歧視（達摩
爾是前Google軟體工程師，因為在公司內部論壇發表不同性
別工作者具有先天本質性差異的文章，因而遭到解雇），不如
關注那些更有實質幫助的問題，例如：「我們該如何增進對女
性自我狀態的了解，讓她們的才能在職場中得到充分發揮？」
或「身為老闆或選才者，我們該如何改善職場性別歧視，進而
減緩現今社會上各種不公平現象？」本章希望幫助大家理解你

所開創的職場角色與環境，並透過改善面試、升遷以及公司內部溝通方式，來達成人盡其才的理想。

如果你願意站在性別解放觀點這一邊，相信不公平現象可以改善，那麼你應該加入推動正向變革的行列，這樣一來對於每一個人（包括你自己）都會更好。更重要的是，即使你抱持極端保守的觀點，堅信性別之間存在本質上的差異，那麼你同樣應該開始參與這場變革行動。

為什麼即使是極端保守立場的人，依然應該採納並擁抱性別解放觀點？理由很簡單：不同性別之間確實存在先天差異，但相同性別之內同樣存在顯著不同。性別刻板印象會蒙蔽我們的雙眼，讓我們容易錯過非預期族群中的傑出人才。

以網球選手為例，大家都知道男性平均發球速度比女性更強更快，這可以說是男性的先天生理優勢，於是就會出現所謂的「統計性歧視」（statistical discrimination）現象，平均數字讓「男性打網球比較精彩」的觀點看起來十分合理，甚至牢不可破。在這樣的情況下，我們很容易忽略有才華的女性球員，進而忘記女子賽事可能更有看頭（兩邊球員更頻繁、更長時間的來回擊球）或更受觀眾的歡迎（正如日後女子網球明星們證實的那樣）。

牽涉到性別時，統計性歧視往往更容易發生，當人才發掘者們全心全意的尋找男子網球界的明日之星，使得男性選手

呈現的平均數據更為亮眼，又更加印證那些刻板印象。正因如此，女子網球運動耗費非常久的時間，才終於發展到目前的知名度與地位。如果你是當時的企業家或人才發掘者，也許能夠早點看出女子網球發展的可能性，不至於讓那些足以擊敗多數男性、有能力為網球運動創造全新風貌的傑出女性運動員被埋沒那麼久。

在職場上也是如此。即使研究證明在某些職場工作中女性的平均表現不如男性，但不少女性依舊可能在這些工作中表現得比男性更好。如果我們能夠發掘這些女性，並且給她們機會，彼此都會從中獲益。何況當多數人才發掘者依舊被統計性歧視所蒙蔽，抱持性別解放觀點能讓你更容易看見被忽略的優秀人才，為你創造非常高的投資報酬率。所以我們會說：即使你堅信「女性在＿＿＿＿（請自行填空）方面表現較差」，依舊不該忽略女性人才。

我們有充分理由相信，大家還可以做**更多、更多**的事，來提升女性、職場以及整個社會的前景。即使許多人在性別差異源自生理限制或社會建構上始終各執一詞，大家依然能夠在這個結論上取得共識。

在繼續談下去之前，還有幾點要先說明。

首先，我們會把重點放在女性身上，但是我們也會提供一些與其他文化女性打交道的案例。這裡所說的「其他文化」

是廣義的「文化」，可以是不同國家的文化，也可以是國內的不同文化。

其次，我們會刻意讓討論不帶感情，並且大幅減少趣聞軼事和說教。目前已經有大量探討女性在職場中遭受偏見、歧視、騷擾、霸凌等文獻，我們認為這類部分**高度**涉及隱私的描述很重要，但我們沒有太多可以補充的內容，也不會以系統性的方式描述這些不公平的現象。這麼說聽起來似乎有點「不夠關心」，但本章的目的並非強化你的情緒，而是希望促使你開始理解、發現人才的另一個面向。

我們將著重於一些實證科學研究的重要成果，從而學習如何成功發掘與招募傑出的女性人才。透過相關研究的回顧，希望能幫助你重新思考女性在職場中的定位。如果你發現大部分論點過去不曾聽過，這是因為我們添加許多新的內容，而不是重複說明你在其他地方聽過的東西。

現在，讓我們一起回顧與女性人才有關的重要研究結果。

如何讓「難相處」的女性得到平等機會？

首先，請注意女性在人格特質表現上與男性有所差異，女性在「親和性」、「神經質」、「外向性」、「開放性」的得分皆高於男性，其中又以「親和性」和「神經質」分數差距最

大。必須再次提醒，這些詞彙是採用人格理論中的明確定義，所以請不要誤以為「親和性」就一定是好的，而「神經質」就一定是壞的。[3]

　　男性與女性在部分人格特質上的平均得分大致相同，這可能會產生一種性別差異不明顯的假象，但事實上依舊有著潛在的特質差異。例如兩性在「開放性」的平均得分差不多，但當你觀察子分類的得分情況時，不難發現男性獨斷性較高（屬於「開放性」的一個面向），而女性則是更熱情及喜愛交際（屬於「開放性」的另一個面向）。

　　整體來說，女性較敏感、社交上較靈活，而男性則傾向組成規模更大、階級制度更穩定的團體，因此不需要那麼多情感投入。男性在「親和性」上變異程度較高，而女性在「外向性」上變異程度較高。如果單純從人格特質得分來預測一個人是男性或女性，準確度可以達到85％。會有這麼高的可預測性，是因為演算法是根據當事人呈現出的人格特質來進行評估，而不是兩性之間的特徵差異。[4]

人格特質對所得的影響

　　從研究文獻中可看出一個顯著的現象：女性的人格特質比男性的人格特質更能預測所得。不只是一篇論文，許多論文都得到相同的結果，而且在加拿大的研究中同樣獲得證實。

其中最具代表性的，是艾倫·尼胡斯（Ellen K. Nyhus）和恩寶·龐斯（Empar Pons）在研究中指出，對於職場中的女性，人格特質顯得更為重要。（用術語來說，在調整前的迴歸中，人格特質變數的調整後R平方對於男性而言是0.7%，對於女性的數字則是5.0%，具有很大的差異。）

情緒穩定度會影響女性的薪資多寡，「親和性」也是如此，許多研究顯示高「親和性」會為女性薪資帶來負面影響；也就是說，不管原因為何，親和性高的女性似乎所得較低。在加拿大的數據中，女性的「親和性」每增加一個標準差，所得會減少7.4至8.7%，但是男性卻沒有出現相同的所得減少情形。[5]

梅莉莎·奧斯朋·格羅夫斯（Melissa Osborne Groves）在對性別與所得之間關係的研究中，探究除了五大人格特質之外對美國和英國女性所得具有預測力的其他因素，得到一些引人注目的成果。舉例來說，「外部性」（也就是相信「所得多寡取決於命運或運氣」）得分每增加一個標準差，所得會減少超過5%，這可能意味著良好的自我控制感對生產力有益。不過，也得小心別讓這種積極性格走得太遠，因為「保守退縮」得分每增加一個標準差，所得會減少3%；而「爭強好鬥」得分每增加一個標準差，所得則會減少8%。這些數字再次證實，女性人格特質與所得之間的關聯性遠高於男性。[6]

　　值得注意的是,「爭強好鬥」特質對男女的所得都有影響,但情況卻截然不同。「爭強好鬥」對於高職業地位男性而言,與較高所得相關;但對低職業地位男性來說,卻與較低所得相關。也就是說,如果你是保齡球館服務員,就不該表現得像個喜怒無常的公司創辦人;但如果你是企業執行長就沒有關係,甚至還有加分的效果。相較之下,具有「爭強好鬥」特質的女性不論職業地位高低,都會和所得減少相關。[7]

　　看來「人格特質對女性所得影響較大」已經是不爭的現實,但這對我們而言意味著什麼?答案很簡單,那就是:發掘女性人才的困難度較高,需要一套更精妙的面試技巧。舉例來說,有才能的女性似乎比較少自我彰顯,以免被人覺得爭強好鬥,因而招致職場上流言蜚語與不利對待。在這樣完全不公平的狀況下,你還是可以有技巧的透過和推薦人及應徵者本人的對談,洞悉應徵者的實際才能與工作投入程度,找出隱藏的女性人才。

　　有些雇主不喜歡(或是擔心顧客不喜歡)女性的某些特質,因此給予具有不受歡迎特質的女性較低薪資(甚至根本不錄用),而給予具有受歡迎特質的女性較高薪資和較好職位。這種雇主傾向以更好條件聘用特定特質女性的做法,我們稱之為「好女孩假設」。

　　身為雇主或人才發掘者,你也可以利用社會普遍的刻板

印象進行反向操作,聘用具有不符市場期望特質的女性(或男性),從而獲得潛在套利及顛覆刻板印象的機會。當然,有些不受歡迎的特質確實會影響工作績效,因此你需要對人力進行適度安排。例如,在一些消費者抱持刻板印象、認為男性較具專業的工作中,可以安排男性銷售人員,以增加對顧客的說服力;這樣做雖然乍看之下不太公平,但在市場並不排斥女性人格特質的工作上,女性反而更有發揮長才的空間。如果你比市場上其他人更客觀看待這個事實,就可以找到一些相對來說更適合、更優秀的員工。

希望上述理由能充分說服你多考慮給「非好女孩」一點機會。積極表現的女性往往會讓客戶和同事敬而遠之,但你不必用相同的態度對待她們。當就業市場認為她們會對客戶、同事、主管、雇主帶來負面影響而給予較低薪資的同時,至少你可以表現得更為客觀超然,並且盡可能遠離偏見影響。你應該對才華洋溢的女性投以更高關注,儘管她們的人格特質並不總是完全符合市場當下喜好。

接納差異,創造公平機會

也有一些研究發現,有些偏見和女性的實際績效表現無關,完全是女性的某些特質導致。這些研究雖然並非完全無懈可擊,但綜合來看,依然能為我們提供一些線索,了解女性在

日常生活中所遭遇的差別待遇。

在經濟學家馬丁・阿貝爾（Martin Abel）所做的一項研究中，研究人員徵求兩千七百人從事抄寫工作，並安排一位假老闆透過線上通訊方式評價員工表現。結果發現，讓假老闆給予負面評價時，員工的工作滿意度就會下降，連帶對工作的重視程度也開始降低。這個發現看起來似乎很普通，畢竟誰不知道員工不喜歡被老闆批評呢？請別著急，這項研究真正驚人之處在於：當員工被告知負面評價來自女性老闆時，工作滿意度下降幅度是來自男性老闆的兩倍。由於假老闆完全沒有跟員工當面接觸，基本上可以排除是其他因素造成上述效應。這項研究告訴我們：人們似乎更難接受女性上司的批評。[8]

在另一篇關於職場女性說話聲調感知的研究報告中，為我們提供進一步證據。比較一般人對女性和男性說話聲調的感知評價後，研究者發現對女性說話聲調的評價往往較負面。較低沉的嗓音通常被評價為「較具權威性」，以至於女性較難用原本的嗓音來下達指令，否則很容易被評價為「專橫刺耳」。於是女性不得不在這一點上特別努力，例如柴契爾夫人（Margaret Thatcher）曾經聘請口語教練來教她大幅降低說話時的聲調。更令人驚奇的是，二戰結束以來，女性說話音調有明顯下降的趨勢。在過去，女性的平均聲調約比男性高出一個八度，但時至今日只高出三分之二個八度。這表示女性正試圖融

入更符合「管理階層」形象的社會角色，但在說話聲調的偏見影響下顯然並不容易。[9]

最後，讓我們一同思考前面提過「神經質」和「親和性」兩項人格特質會為女性薪資帶來負面影響，這到底意味著什麼呢？

女性主義者會告訴你：「這是要求女性應該要堅強，但不能太過強硬；要態度堅決，但不能惹人厭；要像男人，但不能太像男人，在職場上必須走一條幾乎不可能存在的中間路線。這種高度期待在政治上很難達成，在職場上亦是如此。」另一種完全和女權主義相牴觸的觀點則是：「難相處的女性就只是個麻煩人物。員工如果是麻煩人物，對公司而言就會增加成本。」但是如果這個說法能夠成立，不是應該幫「親和性」高的女性大幅加薪嗎？

因此，我們想再次提醒：請保持開放心態，接納「『難相處』的女性可能在職場上被低估」的觀點。這意味著，女性被迫在可被接受、但範圍較窄的職場角色中做選擇。因此，你可以培養更寬廣的視角，想想如何幫助她們融入職場，藉此改善這個情況。

請記得不要從「解決女性遭遇的職場問題」的角度來思考，而是從「為組織開發具有創新能力的女性人才」的角度來思考。

如何幫助女性克服信心落差？

在回顧大量文獻後，我們歸納出幾個彼此相關的重大性別差異。這些差異不僅符合大家在日常生活中的觀察，更已經通過不同研究的重複檢驗。在這些研究中，有不少是由女性研究者所負責或參與，採用的研究方法更是包括實驗研究和質性研究，所得到的結果具有高度參考價值。[10]目前獲得證實的重大性別差異包括：

- 相較於男性，女性更傾向於規避風險。
- 相較於男性，女性更不喜歡競爭。
- 相較於男性，女性更容易出現「信心落差」（confidence gap）。
- 相較於男性，女性在某些關鍵事務上較少主動爭取。

女性的信心落差現象

許多研究指出，女性整體而言並不像男性那樣主動積極的自我推銷，或許這是回應勞動力市場不喜歡好勝女性的傾向。有研究人員透過實驗研究法，呈現出一個有趣的現象。他們在亞馬遜土耳其機器人（Amazon Mechanical Turk）眾包平台上招募九百名勞工，男女皆有。所有人參與一個有現金獎勵

的任務,完成任務後,被要求評估自己在任務上的表現。其中一個評分項目是「我在測驗中表現良好」,分數從1分到100分。在這個項目上,女性的自評分數平均為46分,男性則為61分,然而男性的實際表現並未優於女性。從這個研究結果可以明顯看出,男性和女性在自我評估上具有相當大的差異。而且值得注意的是,即使男性和女性都完全清楚自己在任務上的實際表現,這個差異依然存在。[11]

在另一篇近年發表的研究中,研究人員檢視蓋茲基金會(Gates Foundation)收到的書面提案,找到證明女性比較猶豫不決的其他證據。他們發現兩性在文字論述風格上有所差異,女性用語較為具體明確;而男性則較為廣泛籠統(至於男性比較「擅長抽象思考」,還是比較「愛吹牛」?這就得看情況了)。結果,審查者比較偏好籠統的泛泛之論,而不是具體明確的陳述。值得注意的是,無論提案風格是具體明確或廣泛籠統,最終研究報告在學術界的評價都一樣好。這似乎又是一個顯著的偏見,使得女性普遍使用的論述風格在學術界的競爭中較難勝出。所以,如果你面試的女性沒能提出廣泛籠統的主張,也不用太擔心。

研究結論寫道:「即使採取匿名審查,『女性申請人』和『審查者給的分數』之間依舊存在顯著負相關。」即使在控制「提案主題」及其他變數後,這個差異仍然存在。然而值得注

意的是，當控制「修辭風格」這個變數時，這樣的差異就會消失。這樣的結果與一種觀點相符；男性常常無法有效「閱讀」女性使用修辭、思考方式和個性風格。[12]

　　更重要的是，研究甚至發現，就連工作薪資也存在性別差異，而且取決於個體所展現的自信程度。在各種不同的工作環境中，平均來說女性的自信程度較男性低，而且更少公開展現自信。然而，勞動市場往往比較樂意獎勵展現高度自信的人，有時甚至是在鼓勵過度自信。一些看似對於女性的歧視，其實是對自信不足者的歧視，只是有相當高比例發生在女性身上。更糟的是，男性與女性的薪資差距會隨著職務位階提升而愈差愈大。這與信心及薪資密切相關的假設一致，因為職務位階愈高，往往對於信心的要求就愈高。[13]

　　一些證據表示，性別上的信心落差在我們人生早期階段就已經開始，可能發生在中學時期，甚至更早。有研究者以七到十二年級的學生為研究對象，發現接觸「高成就男性」的年輕女性在學校中表現較差，而且自信與抱負程度較低；而接觸「高成就女性」則對她們有所助益。相較之下，年輕男性無論接觸「高成就男性」或「高成就女性」都不會造成顯著影響。這顯示女性信心的建立可能遭受阻礙，而且狀況發生得十分頻繁。[14]

　　就某種程度上來說，我們可以將信心落差視為一種「自

我應驗預言」（self-fulfilling prophecies），當年輕女性發現特定領域中女性楷模較少時，較不容易相信自己能在這個領域有所表現，從而較沒有自信。這麼一來，社會將陷入永無止境的負向循環，導致性別差異難以打破。

從人才發掘的角度看信心落差

上述結果一再顯示，信心落差是男性與女性在職場中的關鍵差異之一，而且在高階工作尤其顯著。對於雇主和人才發掘者而言，這樣的現象意味著什麼？

首先，在某些工作中，較低的信心水準不僅不是缺點，還可能是一大優勢。例如，由不抱持過度信心的人負責資產交易，能夠減少無謂的頻繁交易，避免將資本過度集中在高風險投資組合。此外，在政治、外交、金融監理等領域的工作中，謙卑自省的人格特質同樣遠比勇於承擔風險來得重要。有研究發現，相較於女性經濟學家，男性經濟學家更容易就不太熟悉的領域公開發表意見。[15]

再者，如果你想雇用一位真正具有自信的女性，那就必須避免被「女性自信水準較低」的刻板印象影響，否則很可能低估她的實際能力，忽略她具備自信特質的優勢和長處。比一般女性更具競爭力、較不規避風險的女性，往往容易被勞動市場所忽視，所以你得格外努力，才能從眾多應徵者中找出這樣

的人才。

如果你能欣賞這些女性員工真正的價值，不僅能夠獲得被低估的人才，還能在這樣過程中矯正這種不公平的現象。此外，請注意在高階職位上，信心落差可以解釋大部分的性別薪資差距。也就是說，對於女性的刻板印象這點的重要性會因職位高低而有所差異，對於高階職位特別重要，對於簡單服務工作或是低階管理工作的重要性則會小很多。

第三，在大多數工作場合中，往往是以男性領導者的行事風格為楷模，來定義所謂的風險承受度或競爭性，這樣的框架很可能是過去組織運作遺留下來的過時產物。更具體來說，這意味組織內部許多任務的競爭性遭到誇大，許多華麗浮誇的「風險相關詞藻」早已超越任務的實際風險。（相信你也翻開過那些讀起來讓人喘不過氣的商業雜誌，看過那一篇篇描述如何在商場上瞬間扭轉戰局的文章吧？然而那些內容往往並不完全真實。）

在大多數組織中，有意晉升者需要主動自我提名並參與競爭，但由於競爭偏好存在性別差異，導致選擇參與競爭的女性人數大幅減少。那麼，我們應該如何鼓勵公司內部的女性人才，讓她們願意挺身而出競爭更高的職位？最好的方式，就是排除阻止女性進步的公司文化障礙。

舉例來說，一項研究已經證實，光是對升遷規定進行微

幅調整，就能有效促使更多女性積極參與競爭。研究者是如何辦到的？其實他們只做了一件事，就是將升遷機制從傳統的「選擇參與升遷」（即自我提名參與競爭）改為「選擇退出升遷」（預設所有人都要參與升遷競爭，但個人可以自由選擇是否要退出）。最終研究結果發現，女性在新的升遷機制下選擇留下參與競爭的比例與男性相當，而且並未對她們的業績表現或自陳幸福感帶來負面影響。

上述情境雖然未必適用在現實世界的組織機構之中，但這樣的結果明確告訴我們一件重要的事：當你遇到能夠展現自我的舞台，而你也確實具備相應的能力，那麼你將有機會表現得更好，甚至遠遠將其他競爭者拋在後頭，而不是繼續接受命運的擺布。[16]

遭受重重束縛的女性創新者

在前文中，我們一直把重點放在一般職場中的女性，那麼如果是具有高度創造能力的女性發明人或創辦人，我們的社會是否有給予她們較公平的對待呢？一篇探討女性發明人角色的文獻在探討專利數據後指出，如果給予女性更好的機會，她們可以在創新上做出比目前更多的貢獻。這種現象其實也很可能與女性普遍存在的信心落差有關。

首先，女性取得的專利少於男性。舉例來說，一九九八

年美國的專利數據中，只有10.3%的專利擁有一名或多名女性發明人；二〇〇九年歐洲的專利數據則顯示，8.2%的專利申請人中包含女性，而在奧地利和德國的比例更低，分別只占3.2%和4.7%。即使你認為專利是衡量創新的絕佳指標，也能從這些數字中清楚看到，男性與女性的實際表現存在巨大的差距。

大部分人如何看待上述事實？普遍反應大多是指出：目前存在著嚴重的「管道問題」，女性從小就不被鼓勵去當工程師，或是擔任具有創新性質的職務。這樣的主張看起來似乎有其道理，但是支持這個論點的數據遠遠比我們的預期少。

如果你更仔細觀察專利申請中的性別差距，會發現造成這個現象的原因有很多，但最令人驚訝的事實或許是，其中只有7％的性別差距可以歸因於「擁有理工學位的女性比例較低」，而有78％的差距可歸因於「擁有理工學位的女性獲得專利的比例較低」（另外，有15％的差距可歸因於「沒有理工學位的女性獲得專利的比例較低）。換句話說，即使女性擁有理工學位，她們在專利領域的表現仍然比男性差。產生這樣差異的具體主因是，女性在電機、機械工程、研發、設計等專利密集領域參與率較低。若想縮小這樣的差距，勢必要從縮小信心落差著手，讓女性更有興趣在這些專利密集領域中扮演更重要的角色。[17]

有些人認為性別上的人才分布反映出某種不可侵犯的自然秩序，這點我們完全無法苟同。正如同一直都有女性轉換到其他職業，未來自然可能有更多女性願意投入風險及專利密集度較高的產業。對於社會而言，善加分配人才是一件相當重要的工作。在這篇文獻中還指出，若能有效解決性別失衡問題，不僅取得專利與創新的比率將會上升，美國的人均GDP更會上升2.7%。在年GPD二十幾兆美元的經濟體中，即使只獲得上述收益的一小部分，也會是個不得了的數目；對於人才發掘者來說，也是個不得了的大事。

在針對女性創業行為的研究中，同樣發現信心落差所造成的性別差距。莎碧瑞娜・豪爾（Sabrina T. Howell）和拉馬納・南達（Ramana Nanda）進行的一項研究發現，男性在參與創業競賽後繼續投入創辦公司的機率較高，相形之下女性堅持創辦公司的機率則小很多。在後續的調查研究中發現，男性之所以取得較大的成果，部分原因在於競賽過後，他們比女性更主動和評審委員接觸聯繫。這可能表示男性對於自己的想法較有信心，也較有信心能夠從評審那裡獲得公平的聆聽；而女性較不主動聯繫評審，則可能和擔心被騷擾有關。

女性信心落差的來源

從更全面的角度來看，信心落差會導致女性創業者較難

建立起廣大、有效、多元的人脈。人際關係較薄弱的結果，就是讓我們較少看到成功的女性創業者，因而營造出一種符合「男性較適合創業」的社會預期情境。[18]

　　這些各式各樣的性別信心落差究竟來自何處？了解這個問題對雇主來說（尤其是男性雇主）非常重要。無論從個人經驗或統計數據來看，女性在協商升遷事宜時較容易給人可怕、蠻橫或咄咄逼人的感受，企圖心強的女性總是較難討人喜歡。值得注意的是，這種現象可能與社會的性別期待有關。

　　一群男性在工作時可以混在一起嘻笑打鬧、講講黃色笑話或帶有性暗示的雙關語，下班時可以一起喝個爛醉，甚至一起上脫衣舞孃酒吧（這是較不常見的極端例子）。相較之下，女性不太可能用同樣的方式融入工作群體，下班後的社交活動也可能讓女性面臨遭到猥褻或被要求發生關係的風險；在更極端的狀況下，甚至可能被侵犯或受到同事配偶的猜疑。

　　女性在經營社會和職場人際關係已經如此困難，協商升遷事宜時自然更是處處受限。此外，不同性別之間的指導關係也造成複雜的心理壓力，尤其是近來#MeToo運動盛行的背景下，許多男性不願意過於密切或認真指導年輕女性。基於種種情況，導致許多女性在現今社會中不太確定自己究竟該如何融入職場。[19]

　　在近期的一項研究中，蒐集二〇一〇年到二〇一九年

一千一百三十九份募資簡報，並運用機器學習技術按風格加以分類。我們在第五章已經介紹過研究結果中有關人格特質的部分，現在，我們來看看與性別有關的結果。研究報告中指出一個相當有趣的現象，當純粹由女性組成的團隊在進行簡報時，評審會對簡報品質採取較嚴格的標準（相較於男性而言），難怪女性在對外展現自我時總是必須戰戰兢兢。更讓人感到驚訝的結果是，當創業團隊是由男性和女性所組成時，創投業者似乎只專注於男性的簡報內容；換言之，女性的簡報對投資者而言根本不重要。[20]

搶救被信心落差埋沒的人才

在上述重重限制的束縛之下，人才發掘者應該特別注意來自非傳統背景的女性，以及大器晚成型的女性。

女性在某些方面與男性有所差異，而選才機制往往對男性比較有利，使得我們錯失不少極有才華的女性。不少女性在職涯早期有過遭受性騷擾的負面經驗，還有很多女性因為生養孩子而在多年後才再度重返職場，零零總總的原因都導致有才華的女性必須花更久的時間，才得以找到人生中真正的志業。

以黑人女性科幻小說家潔米辛（N. K. Jemisin）為例，她的暢銷作品曾創下幾百萬冊銷售量，並曾榮獲象徵奇幻小說界最高榮譽的雨果獎（Hugo Awards）和星雲獎（Nebula

Awards）。在她投入創作之初，基於黑人女性的身分背景，她覺得自己不可能在奇幻小說領域有所發展。於是，她轉換跑道去攻讀心理學碩士，最後在麻州春田市的一所大學擔任職涯輔導員。然而，她仍然沒有放棄寫作，常會匿名在網路上發表作品。三十歲那年，潔米辛遭遇生命中的瓶頸：她負債累累，厭倦當時居住的波士頓，更厭倦當時的男朋友。直到她開啟自己的職業寫作生涯之後，情況才開始出現好轉。[21]

　　讓我們再看一個更特別的例子。大家所熟知的「溫蒂修女」（Sister Wendy）本名是溫蒂・貝克特（Wendy Beckett），她在一九九〇年代不僅寫出非常暢銷的西洋藝術史書籍，還是BBC一系列藝術史紀錄片的主持人，並被《紐約時報》譽為「電視圈史上最知名的藝評家」。當溫蒂修女以招牌的全套修女長袍及兔寶寶牙出現在電視上，幾乎可以說是憑一己之力，讓整個世代的人都開始對經典藝術產生濃厚興趣。

　　溫蒂修女出生於一九三〇年的南非，職業生涯早期謹守宗教戒律的緘默法則，之後致力於獨居和禱告的生活。她的身體狀況不佳，耗費多年時光在翻譯中世紀的拉丁文獻，種種跡象都顯示她不可能成為一位電視名人。然而，她在博物館談論藝術作品時偶然被錄影記錄，這段影片引起BBC製作人的注意，於是在六十幾歲才開始她的藝術評論家生涯。毋庸置疑的是，無論是在電視圈或藝術史領域，至今沒有人能夠展現像溫

蒂修女那樣的美學或歷史視角。[22]

如何判斷一位女性是否聰明？

截至目前為止，我們在討論人格特質時比較強調兩性之間的差異，但在討論智力時往往沒有特別區分性別，這是因為人格特質確實存在明顯的性別差異，但男女之間的智力差異則較少。

儘管如此，在針對人才招聘過程的研究中，還是有一些與智力及性別有關的有趣發現。其中最常見的情形是，對於許多老闆和人才發掘者來說，挑選出較聰明的男性似乎比挑選出較聰明的女性來得簡單許多。

例如在一項研究中，研究人員請受試者觀看一些男性和女性的照片，並判斷哪些人的智力測驗分數較高。結果發現，平均來說，受試者比較能夠判斷男性中誰比較聰明，卻較難看出女性中誰比較聰明。雖然「看起來很聰明」是很主觀的判斷，然而有時候卻很準確，特別是有些男性的面貌透露出關於智力的社交線索，但這點在女性的面貌上卻未能顯現，至少從平均數來看並沒有。

換句話說，想要從外表分辨出誰是聰明女性，這對大家來說是很困難的，對男性老闆來說自然也是如此。所以，我們

該如何解讀這樣的研究結果？其中一個比較顯而易見的答案或許是：聰明女性通常並不符合刻板印象。此外，或許人們比較習慣學習如何判斷男性而非女性的智力，又或者是因為聰明的女性不見得擁有和聰明男性一樣的高社會地位。[23]

這項研究的另一個有趣結果是，女性普遍更擅長評估其他人（無論男性或女性）的智力。我們不確定箇中原因，但若真是如此，請確保你在面試過程中有安排足夠的女性面試官。此外，研究還發現，還有一些人看起來很聰明，但實際上並非如此，請務必特別留意這類應徵者。曾經有一個研究蒐集一千多張Facebook大頭貼讓受試者觀看，猜測照片中人的智力分數，結果人們對於那些展露自信微笑或戴眼鏡的人，通常會給予較高的智力評價，即使這些特徵和實際智力並沒有特別關聯。

仔細想想，你我心中很有可能都存在那樣的偏見，所以確實應該好好思考該如何抑制偏見。或許你該多考慮一下戴隱形眼鏡或眉頭深鎖的應徵者，至少不要太過自信可以用外表判定一個人的聰明程度。關於眼鏡和微笑的研究還沒有被其他研究重複證實，但是它再度說明一個眾所周知的道理：我們對於智力的直覺判斷有可能出現偏誤。所以還是那句老話，請千萬不要過度自信。[24]

根據我們的觀察，男性之所以較難判斷女性智力，有可

能是因為女性在面試中通常會表現得比男性親切隨和。「親和性」或許能產生讓人愉快的互動，但同時會阻礙批判性判斷，並使應徵者智力的訊息難以傳達出來。尤其是多數男性會錯誤貶低一位特別親切女性的智力，他們也許會覺得她討人喜歡，卻完全不會想到「她可能真的非常聰明」，這正是男性（和許多女性）應該盡力避免的偏見。

從本質上來說，當眼前的女性「非常討人喜歡」或「不太討人喜歡」時，男性經常會判斷失準。老實說，這類情況真的很常發生！這也是為什麼儘管五大人格特質理論有其局限，但其優點之一就是透過幾個基本的類型，幫助你思考並克服可能出現的偏見。

如果我們直接將女性智力的分布曲線「拉平」（現況看來似乎就是如此），那麼女性將更容易在中階工作中受到青睞，特別是需要具備「嚴謹性」特質的工作，因為她們看起來是更安全的選擇。但同時，她們將更難證明自己值得被考慮擔任更高的職位。即使許多人才評估者並未以**平均值**來看待女性的智力表現，他們仍會發現自己往往很難察覺及辨識女性智力分布中的頂尖水準。而且不只是男性，許多女性評估者也會有類似的困擾。

許多對女性的職場偏見，都可以用「拉平」的概念加以解釋。談到女性的人格特質時，觀察者往往「拉平」**不足**，傾

向於誇大所得到的印象，於是難相處的「非好女孩」被認為比實際上更難相處，而「好女孩」則被認為比實際上更溫順配合。談到女性的智力時，我們可能看到剛好相反的情況，觀察者往往「拉平**過度**」，傾向根據平均值來形成印象，於是真正聰明的女性被低估，而沒那麼聰明的女性則被高估。

因此，我們想提供一個簡單扼要的建議：評估女性人格特質時，你可以試著多考慮一下平均值；評估女性聰明才智時，你可以試著少考慮一點平均值。

最後，我們想談談傑出風險投資公司 Y Combinator 的做法。在 Y Combinator 的三人面試小組中，一定至少有一位女性面試官。從公司歷史來看，這個職位是由身為最初四位創辦人之一的潔西卡・李文斯頓（Jessica Livingston）所設立。李文斯頓的識人敏銳度在 Y Combinator 內部堪稱傳奇，她對人才有非常準確的直覺，在淘汰「壞蘋果」方面尤其厲害。即使潔西卡已經退居幕後，但是公司已經意識到這種「妙不可言的能力」並非她所獨有，女性合夥人似乎比男性更善於識破欺騙或虛假的創業者。

女性的加入，讓過去面試小組在面試結束後的討論產生微妙且深刻的改變。雖然我們不知道確切的原因為何，但如今，Y Combinator 是現今世界上最成功、最歷久不衰的人才篩選者之一，他們要求一定要有女性參與篩選過程。

如何改善自己內心的種族偏見？

就一般原則而言，你該如何面試或評估來自不同國家、文化、宗教或語言背景的人才？如何在接收到各式各樣大量訊息的同時，有效濾除無助於人才評估的雜訊？在探討這些問題時，我們會以美國的種族問題為主要背景，因為那是我們最熟悉的部分。

在美國，黑人族群的多元性正在快速提升，部分原因是來自非洲、加勒比海地區和拉丁美洲的移民愈來愈多。以科文居住的華府地區來說，當地已經成為世界上第二大「衣索比亞城」，如果他走出家門遇到一位黑人，這個人來自東非人的可能性相當高；在葛羅斯居住的灣區，也有相當多東非人。

即使是在狹義的非裔美國人社群裡，每個非裔美國人也各自有著大不相同的歷史和經驗。舉例來說，密西西比州的克拉克斯堡（Clarksburg）和洛杉磯是截然不同的環境，而兩地又與波士頓不同。許多美國人直到二○二○年黑人民權運動爆發後，才驚訝的發現，明尼阿波利斯（Minneapolis）竟然存在如此嚴重的種族主義；不過，如果你熟悉該城市的歷史，就會知道種族不平等長期以來都是該地的大問題。除了地域差異之外，黑人男性和黑人女性也分別面臨著截然不同的種族障礙。

所以，我們的第一個建議是：不要假裝自己非常了解種

族問題，而且無論面對任何種族皆是如此。請別再用你那套自以為完美無缺的理論來看待種族議題，因為種族問題及種族偏見的複雜與多樣程度，足以輕易擊垮你所以為的一切。那麼，身為外行人的你該怎麼做？首先，你必須擺脫先入為主的成見，無論這些成見是表現在你的行為上，還是潛藏在你的內心深處。其次，請你敞開心胸，接受少數族群裡有人才存在的可能性，特別是那些你從來沒有親身接觸過的族群。

　　在面試場合中，很容易在應徵者身上觀察到文化差異及其影響。例如葛羅斯和科文都注意到，比起美國白人和其他非拉美裔的白人應徵者（加拿大人、英國人、紐西蘭人等），來自其他國家和文化的應徵者往往會更有禮貌、更有距離感、更遵守某些形式化的原則。美國黑人也往往同樣拘謹有禮。

　　這些來自其它文化的應徵者有時不太確定在面試情境中應該遵守什麼樣的文化規則，也不太確定面試官會如何評價自己，所以他們在互動時傾向採取禮貌且形式化的規避風險策略。就某些層面來說，這種策略能讓跨文化溝通變得更容易，但也會讓深入了解他們、評估他們的才能優劣變得相形困難。

　　簡單來說，要了解不同文化背景的人本來就比較困難。此外，還有一個更根本的問題：如果眼前這些人表現得彬彬有禮，是因為他們所屬的文化本來就重視禮貌，那麼他們在未來的工作中也會比較有禮貌嗎？或者這只是**暫時性**的權宜之計，

用來應付不同文化下的陌生面試情境？抑或是**長久性**的行事風格調整，用來因應未來可能面對的陌生工作情境？你通常無法得知確切的答案。

　　既然白人和黑人（或其他族群）之間確實存在文化差異，那麼在面試場合中盡可能減少風險，自然是雙方共同的理想策略反應。於是大家都變得不那麼自然、少講點笑話、避免透露個人生活等，這麼一來，面試就更不容易進入第二章所說的高效對話。最終結果就是，即使你心中完全沒有偏見，也很難看出眼前應徵者的真正優勢才能。

　　也許你也發現到，這與之前討論女性面臨的一些問題根本如出一轍。女性常常感到自己不被允許擔任必須展現氣勢、權力等特質的工作，同時又不被允許顯露太多情緒反應。不幸的是，這樣的感受完全符合實際情況，於是她們盡量避免展露頭角、努力扮演社會期待的角色，讓自己表面上看起來更溫和乖巧、更討人喜歡、更畢恭畢敬，甚至試圖將自己隱藏在特定的化妝和服裝風格之後。這種掩蓋自我訊息的行為是對職場偏見的理性回應方式，即使目前的職場中沒有人具有強烈的性別歧視，她們在廣泛的社會壓力下仍然會選擇這樣做。

　　如果女性能夠減少掩蓋自我表現的行為，對於她們自己、雇主和整體社會而言都會更有利，但只要社會壓力依然強加在她們身上，這樣長久以來的行為模式顯然不可能一時之間

說變就變。

　　讓我們回到種族議題。歐巴馬從投身競選到整個總統任期之內，他感覺到自己比白人候選人和白人總統更不能表現出憤怒；不幸的是，這樣的感受完全符合實際情況。於是他必須時時刻刻看起來通情達理、行事冷靜。但前總統小布希或其他政客從來不受此限，他們可以盡情使用咆哮、鬼扯和憤怒作為修辭工具。身為美國的黑人領袖，若想走白人那種離間或恐嚇選民的極端路線，要成功根本是難如登天。因此，歐巴馬始終以沉著冷靜著稱。美國第一位黑人總統展露如此冷靜自持的性格，絕非偶然。

　　如果有人大聲疾呼「所有白人都是種族主義者」，對於真心反對種族主義的白人而言，肯定會相當難過。的確，並不是所有白人都希望種族主義這樣的結果，但我們無法迴避這個問題背後的真相與事實：只要社會中存在部分種族主義者、只要社會中存在某些顯著的文化差異、只要有錢有勢的優勢族群無法看見劣勢族群中許許多多的人才，種族主義的苦果就會繼續蔓延下去。雖然很多優勢族群者沒有抱持種族偏見，但他們對於有才華的黑人在求職時面臨的真實困境，卻依然極少投以關注、很難真正感同身受。

　　總而言之，即使你完全沒有偏見，但黑人和其他少數族群依然面臨實際阻礙而無法發揮才能。所以該怎麼辦？我們沒

有藥到病除的神奇藥方，但希望提供幾個可以採取的行動，幫助你提升發掘不同族群人才的敏銳度。我們無法立即徹底解決種族問題，但至少可以一點一點加以改善。

如何打開文化差異的眼界？

你可以做的第一件事，就是**深入了解問題**。請將以下想法深深烙印在自己的腦海中：你重要的潛在員工正在四處遊走，他們的才能隱而不顯，或至少很難被發現。不論你如何看待當今世上的各種偏見，你都應該相信這一點。相信並內化這個真理的人數還不夠多，你應該選擇站在對的那一邊。

我們要再次強調，這點適用於所有種族的人。無論你的背景如何，求職者當中絕大部分人的種族及背景與你不同。隨著「遠距工作」的普及，以及美國公司持續從世界各地招募最佳人才（即使那些人並沒有移民到美國），這些因素使得打開眼界這件事比起以往更顯得重要。

下一步，就是**調整你的行為**。你要更努力的尋找人才，學會更聰明的辨識人才，嘗試跨越種族與其他各種鴻溝。這不是件容易的事，畢竟還有很多人竟然連社會上潛藏的種族問題都還無法意識到。

為了達到這些目標，你可以採取的具體步驟是，試著讓

自己置身於其他人不太容易察覺**你的**才能的環境中；這麼做不
僅可以讓你感受一下箇中滋味，也能從中學習換位思考他人的
感受。

設身處地想像他人的處境

比方說，如果你去芬蘭，不要以為那裡每個人都討厭
你、對你不爽或不想跟你說話。這是因為在芬蘭，人和人之間
比較疏離、沉默寡言，那是一種常態。就像科文去芬蘭時常覺
得自己既粗魯又吵鬧，所以他刻意控制自己的行為，以免自己
太過突兀。然而或許如此，芬蘭人便無法發現他的才華洋溢或
辯才無礙。

這就是我們先前所說的，有時候你需要去體驗一種特殊
的經驗，去感受一下什麼叫做「懷才不遇」。如此一來，你就
更能了解有些人因為種族、文化、宗教、性別或是其他因素，
使得別人無法辨識他們所具有隱而未顯的卓越能力。

學習一種外語

學習一種外語有時候也能達到同樣的效果，幫助我們學
到與人實際溝通的能力，只是可能比較花錢就是了，而且有好
一段時間，當你用那種語言與人溝通時，可能會讓你聽起來不
太聰明、不太靈光。

　　科文二十幾歲時曾住在德國，他覺得這個經驗給他很多
啟發。當時他的德語說得不錯，但還不到完美的程度。從他的
舉手投足和穿著打扮看起來，他顯然不是美國軍人；而且，大
多數軍人不會學太多德語。因此，很多德國人認為他是土耳其
人，或是移民德國最多的國家，比如說巴爾幹人。有一次，
他聽到有人對他的問題氣呼呼的回應（用德語說）說：「滾出
去，你這土耳其佬！」你應該體驗並逐漸了解他在當下聽到的
感受；雖然我們並不推薦你必須一直待在那樣的環境中（此處
必須澄清，科文居住在德國期間，多數德國人都對他很好）。

　　試著去了解被不同文化的人品頭論足時是什麼感覺，尤
其當對方給的評價沒那麼友善時。感受一下當時你是多麼的無
助和徬徨。在不提起你可能擁有的地位或財富外在標記的前提
下，試著去請一位文化與你（非常）不同的人幫個大忙，看看
你在這個小實驗所獲得的反應，是否和你在家鄉時遇到陌生人
請你幫忙時的反應有所不同。然後把你學到的教訓放在心上，
下一次你面試來自非常不同種族或文化背景的人，請回想一下
那種感覺。也請記得（視你的情況而定），你可能一直都有機
會從你相對有特權的生活中來去自如，但是你在面試的那個
人，或許沒有相同的餘裕和自由。

　　葛羅斯在選才事業上的成功，可能部分源自於個人經歷
裡的雙重背景。他在以色列出生長大，但是父母是美國猶太

人，葛羅斯和美國文化的聯繫，比大多數以色列人和美國文化的聯繫更密切。儘管如此，他依然是個局外人。生活在美國，他有在以色列長大的猶太人觀點，也有阿拉伯和基督教朋友。然而，生活在以色列時，他至少帶有部分美國人的觀點，因為他的父母和文化聯繫，以及他完美的英語和伴隨的美國口音（你會注意到葛羅斯沒有美國特定地區的口音或方言，這通常透露出他在國外長大）。

順帶一提葛羅斯的阿拉伯游泳教練阿莫斯先生，他教給葛羅斯的遠不只有仰式而已，他還學到，從某位具有截然不同人生觀的人身上，或許能啟發你去追求卓越的人生。不過，沒有一個宗教團體讓葛羅斯有歸屬感，所以他一輩子已經習慣從局外人的角度看事情。而雙母語能力更讓他認為，總是有不只一種方式來表達或建構特定概念。正因如此，心智才會靈活，也才具有彈性的切入點，進入多重視角的概念。

到不同國家旅行

也許你並非出生在雙母語環境，那麼至少你可以考慮去不同於原生文化的國家旅行，這樣做可以幫助你親身體會文化差異。所以，下一次的假期與其到北卡羅萊納州海岸度假，不如試試去印度或坦尚尼亞（情況許可的話）。但是，可別以為這樣就能讓你「懂印度」。你在印度只停留短短幾天，大概連

他們主要的語言也學不到幾句，印度的文化相當多元，有不同的宗教、語言和族群，坦尚尼亞也是如此。雖然如此，你還是能觀察到文化差異可以巨大到什麼程度。這樣的觀察可以幫助你發現，自己過去抱持的諸多假設，不過是特定文化脈絡下的產物，而非人類的普世真理。當你嘗試和來自其他文化的人交流互動，時常能感受驚訝與新的衝擊。

或許可以考慮造訪非洲，可能特別有助於了解美國種族問題。倒不是說非洲國家在種族這一點上和美國「很像」，而是你可以從對比中學習。在非洲大部分地區（非洲南部部分地區除外），人們在成長過程中不會像美國黑人那樣覺得種族是個問題，部分是因為他們周遭都是黑人。通常非洲移民會說，他們第一次「得知種族問題」是到了美國之後。

花點時間在一個多數人民都是黑人，卻不像美國那樣有種族問題的環境，那會帶給你相當多啟發。而且，如果你是白人、亞洲人或拉丁裔，在非洲，你就會是跟大家不一樣的人；常常意識到這點，也可以讓你感受到什麼叫做「格格不入」。

整體來說，當你獲得這樣的旅行經驗，意味著未來當你評估和面試來自其他文化的人時，比較不會措手不及。秉持這些原則，如果未來可能且負擔得起的話，送你的孩子出國念書或是住在另一個國家一段時間，先不說別的好處，你已經在為他們未來成為經理人和人才選拔者的成功做出貢獻。

閱讀書籍

　　光是閱讀書籍通常不太夠,但那確實是開拓視野的一種方式。說到和種族議題有關的閱讀,我們確實有些非常具體的建議(同樣的,別忘了,這同樣是從兩個白人的角度所提出的建議)。

　　首先,建議你閱讀自傳,因為第一人稱的敘述,能夠讓你直接了解與你截然不同的人的思想、感受和才能。美國歷史上有許多值得精讀的非裔美國人第一人稱敘述作品,你可以從弗雷德里克・道格拉斯(Frederick Douglass)、布克・華盛頓(Booker T. Washington)、卓拉・尼爾・赫斯頓(Zora Neale Hurston)、麥爾坎・X(Malcolm X)和詹姆士・鮑德溫(James Baldwin)開始。建議最好先從年代較久遠的作品開始,因為這些作品較不可能和你現在的政治觀點有衝突,因此,你可以心無旁騖的吸收內容。相較之下,閱讀歐巴馬總統的傳記可能有用且深具啟發,但是你對該書的看法,也可能會受你對歐巴馬擔任總統的看法所影響。所以請刻意與傳主拉開一點距離,而歷史人物往往可以讓你做到這一點。

　　如果你想要嘗試閱讀之外的其他具體建議,那麼我們建議你至少去一次黑人教堂吧。如果你覺得這個經驗很有意義,那就多去幾次(再次提醒,要在疫情條件許可的前提下)。藉

由這種方式，你會見到美國黑人非常開放的一面，而你也會受到他們熱情的歡迎。

多聆聽不同種族的觀點

如果你希望顛覆自己過往的更多看法，你還可以採取另一個做法：閱讀或聆聽一些較激進的種族觀點，只要是在你的舒適圈之外都好。你不必同意那些看法，但要在腦中仔細思考：為什麼有人會這麼相信並提倡這些主張。如有必要，寫下你認為支持那些觀點的最好論證，這是一個讓你換位思考的好辦法。看看你想出來的東西是否真的有說服力；倒不是說你必須同意，而是去思考：這是否是你想出最強而有力的論點？持另一方意見的人，會不會認可你的論證，覺得你的嘗試很聰明又誠懇，甚至能代表他們的觀點？繼續寫，直到你真的認為你已經盡力為你不同意的觀點建立一個合理的說法。

我們建議這個做法，是想當作處理種族議題的手段，但這個方法其實適用於許多議題。如果你和不同政治立場或宗教觀點的人相處有困難，或是難以發現他們的才能時，試著以你認為最有說服力的方式談論或寫下他們的觀點。即使只花很短的時間這麼做，你還是會覺得自己至少在想法上有站在他們的立場上思考。

談到種族和文化，我們不會假裝自己包山包海樣樣精

通。至少，你要知道自己可能是無知的。下一步，就是知道問題確實存在，而你對這個問題也有著力點，那就是好好提升你的選才專業能力。我們希望讀完這一章，已經幫助你朝著那個方向邁出幾步了。

| 9 |

星探模式帶來的選才啟示

　　引領風潮的時尚圈挖掘超級名模的故事，最能告訴我們「星探」這一行的重要。人才搜尋有個關鍵問題，就是你何時應該及何時不應該仰賴星探。為了幫助你深入了解這個問題，請聽我們娓娓道來星探成功發掘明日之星的故事。

星探這一行

　　艾利森・裘納克（Alisson Chornak）從前總會開著他的粉紅色SUV車在巴西南部到處晃，目標是尋找在校園和購物商場外貌出眾的女性，和她們簽下報酬豐厚的模特兒合約。現在的他是人才發掘機構「探戈經理」（Tango Management）的執行長，專門負責「街頭尋訪人才與就業輔導」。[1]

　　許多知名的女性模特兒都是由星探發掘，人數之多，令

人咋舌，而且她們通常並非模特兒學校出身。當年，吉賽兒‧
邦臣（Gisele Bündchen）人在聖保羅一家購物中心，菁英模
特兒經紀公司（Elite Model Management）的星探澤卡（Zeca）
朝她走過去說：「妳想當模特兒嗎？」因為澤卡在她身上發現
某種「特質」。一開始，邦臣還有點害怕遇到騙子，頻頻呼喚
她媽媽，但最終接受澤卡的提議。

　　克莉絲蒂‧布琳克莉（Christie Brinkley）在巴黎被攝影師
發掘時，正帶著生病的狗去看獸醫；凱特‧摩絲（Kate Moss）
和父親在紐約甘迺迪機場吵架時被星探發掘；克勞蒂亞‧雪佛
（Claudia Schiffer）十四歲時在杜塞道夫（Düsseldorf）的一家
迪斯可舞廳跳舞，因而被星探發掘；娜歐蜜‧坎貝爾（Naomi
Campbell）十五歲時被星探相中；至於貝哈蒂‧普林斯露
（Behati Prinsloo）則是在納米比亞（Namibian）一間雜貨店裡
被一名男子搭訕，並把她介紹給模特兒經紀公司。[2]

　　到處都有美麗的女生（和男生），但即使像巴西南部這樣
盛產模特兒的環境，星探經紀公司還是不可能走遍每個村莊，
睜大眼睛仔細觀察每個年輕女性。學校體系也不是尋找時尚模
特兒的首選場所，至少不會用發現數學、工程或音樂天才一樣
的方式。進一步的說，「選美」這件事並沒有被列在學校某門
課程裡，甚至如果明目張膽的在學校中挑選比較亮眼或適合走
模特兒這一行的學生，會是件頗為尷尬的事；雖然學校在甄選

網球選手或體操隊員時也是在做類似的事。況且，在一個對#MeToo、公平、「外貌主義」與自尊問題特別敏感的時代，公開評比女性具有擔任模特兒的天分，成為一個令人擔憂的問題。

　　雖然如此，為了幫忙挖掘合適的人才，模特兒星探一般會透過以下方式：有些攝影師會在路上街拍女性，希望能夠拍到一兩張成功的照片，並藉由這樣的方式，在發掘人才方面建立良好口碑；還有一些星探是以全職或接案的方式，努力發掘合適的女性，並將消息賣給模特兒經紀公司或雜誌。想快速了解這一行的運作方式，請參見modelscouts.com。[3]

星探模式為什麼有效？

　　星探發掘模特兒的模式（後文簡稱為「星探模式」）為什麼有效？這個問題值得我們好好思考。首先，相關人才遍及世界各地，這意味著要發掘的女性人數相當龐大，我們實在很難想像藉由一個固定的程序，就能把這件事做好；第二，對於誰能躍身成為超級名模，不同的星探各自有著獨門見解，外表只是塊「敲門磚」，絕非成功的唯一要素，而厲害的星探能夠憑第一印象就做出準確的判斷（這比要他們用第一印象去評斷量子力學來得合理許多）；第三，尤其在一些比較窮困的國家

（比如巴西），有許多女性對從事模特兒這一行躍躍欲試，更提升星探花費大把時間成本挖掘人才的意願；最後，星探並不需要花費太多錢在判斷一名女性有無模特兒天分，通常會先請她們來拍攝照片，測試看看照片在市場上受歡迎的程度，因此不用馬上就得投資數百萬美元進去。

「星探模式」有個特色，就是能夠有效引導星探對人才進行地毯式搜索。如今大家都知道，許多星探密切關注巴西和俄羅斯兩地的模特兒潛力人才。原因是，過去挖掘名模的地區（例如曼哈頓）已經飽和，使得星探們不得不轉戰他處發掘新興人才。比方說，如果你在紐約第五大道上看到一位高䠠美女，她可能已經是模特兒；或者更有可能的是，她早就決定不要從事這一行。也因此，愈來愈多星探到美國中西部去尋找新秀，套句密蘇里州（Missouri）某位評論者談起當地模特兒新秀時所說的：「她們之中十之八九從沒想過要成為明星這件事。」[4]

一般來說，如果要從非常巨大的人才庫開始搜尋，這時就需要縮小搜索範圍，這時「星探」往往能發揮效果，鎖定可能的模特兒候選人。然而最終的重大決策，還是會由模特兒經紀公司聘請全職且經驗老道的專家來做決定，有時候這個專家就是經紀公司的老闆。這就好像在商場上，創投基金合夥人有最終裁決權，決定誰是大有可為的人選，並展開下一步計畫。

　　「星探模式」之所以有效，還有另一個原因，這牽涉到挖掘人才的抽成制度。不管我們喜歡與否，當所得不平等的程度愈高，星探的報酬就愈高。這使得星探面臨一個取捨：要推薦經驗豐富的老將，或是發掘新秀人才；老將的薪水愈高，星探發掘新人的誘因就愈大。讓我們把這一點和所謂的舊日美好時光相比較；當時，員工的表現一樣有好有壞，但是薪水的級距比較小，也許是因為公司內部的規範比今日更平等。這表示表現頂尖的員工薪水過低，而這給了其他競爭者突襲公司或機構的機會，只要多付一點薪資給這些頂尖（或資深）員工，就有可能挖角人才（或許正因如此，較早期的薪酬等級也會走入歷史）。如今，相較之下，頂尖人才的薪水反映出他們的價值，所以大家有更強烈的動機去尋找還沒被發現的卓越人才。

　　同樣的，由社群媒體驅動的快速且全天候新聞輪播，也使許多星探發掘新秀的報酬增加。每個人都等著看接下來誰會瞬間爆紅，渴望尋找下一個眾人目光的焦點，這樣的熱切期盼很難在身經百戰的表演者身上找到，不管他們多有才華。以音樂界為例，保羅・麥卡尼（Paul McCartney）的巡迴演出賺了很多錢，滾石樂隊（Rolling Stones）也是如此，但其中大部分收益都歸表演者所有，想賺錢的星探勢必得找出下一個怪奇比莉（Billie Eilish）。

發掘自學成才的人

在現今這個人人都可以「自學」的時代下，發掘人才的星探變得更加重要。舉例來說，歌劇女伶巫巫·穆波芙（Vuvu Mpofu）就是經典案例。

穆波芙出生於南非，從小家境貧困。她來自一個喜愛唱歌的家庭，經常和家人合唱福音音樂。直到十五歲那年，穆波芙初次接觸歌劇。當時的她在學校音樂會聽到莫札特的詠嘆調，一聽就愛上了，於是決心要成為一名聲樂家。然而，住在南非伊莉莎白港（Port Elizabeth）的她，根本無法在當地找到聲樂老師，於是她向朋友借來兩張歌劇DVD《茶花女》和《魔笛》，試著自己模仿聲樂家的唱腔及技巧，發展出自己的歌劇演唱風格。

儘管從未受過正式訓練，穆波芙後來申請開普敦大學的南非音樂學院，她的演唱能力受到一位聲樂教授的賞識，所以她被成功錄取了！二〇一九年，她在英格蘭的格林德伯恩（Glyndebourne）歌劇院進行首演，那是世界上首屈一指的歌劇院。穆波芙似乎註定要在這個領域發光發熱，或許不久的將來，她將會成為一顆耀眼的萬世巨星。[5]

穆波芙的精彩故事提醒我們尋覓人才的最新趨勢。相較於以往，有愈來愈多人更願意嘗試多元的職涯道路，而選才的

面試官及現有的就業分配機制勢必需要做出相應的調整，我們需要對於未經傳統訓練而自學成才的人才抱持更開放的心態。

事實上，穆波芙的聲樂天賦並非隔空出世。她出生的東開普省（East Cape）又被稱為南非的「歌唱搖籃」，擁有悠久而豐富的（非歌劇）歌唱傳統。穆波芙之所以能脫穎而出，正是因為在歌唱比賽中表現出色，因而受到矚目，而她透過新科技自學而展露頭角，更是有別於傳統的選才方式。

近年來我們也發現，YouTube已經成為許多領域自學者展現長才的主要媒介。無論如何，求才者必須比以往更願意接受自學型人才。

以電玩領域來說，幾乎每個玩家都是自學型人才，只是他們自學的方式各有不同，但有一點肯定相同，那就是沒有人是拿到該領域的碩士學位或推薦信函，才現身在《魔獸世界》（*World of Warcraft*）中。這意味著未來的選才模式會愈來愈像甄選電玩高手，因為有更多潛在的厲害人選有待評估。

幸運的是，這些潛在人才現在能夠主動對外傳送許多訊息，不管是透過競賽成績、線上貼文、賽事表現、社群媒體發表，或者是其他可以顯示其特質的指標。以前從來沒有這麼多訊息需要篩選；這股自學的風潮也和過去許多藉由師徒制傳承知識的領域大相逕庭。

星探模式發掘潛在創業者

過去的選才方式通常與傳統師徒制有關。舉印度傳統音樂來說，很多知名的音樂家就是上一代音樂家之子，他們在年輕的時候就開始嶄露頭角。即使在今日，代代相傳的傳統依然存在，例如NBA金州勇士隊的克雷‧湯普森（Klay Thompson）是洛杉磯湖人隊麥科爾‧湯普森（Mychal Thompson）的兒子；而同樣屬於勇士隊的史蒂芬‧柯瑞（Stephen Curry），則是前全明星射手戴爾‧柯瑞（Dell Curry）的兒子（史蒂芬的弟弟塞斯也是NBA球員）。

至於雷霸龍‧詹姆斯（LeBron James）有個兒子名叫小雷霸龍‧「布朗尼」‧詹姆斯（LeBron "Bronny" James Jr.），他在高中籃球界是一號響叮噹的人物。你是不是很訝異布朗尼從小就被球探鎖定呢？二〇一九年末，當時十五歲的他在Instagram已經有三百七十萬人追蹤，ESPN轉播十五場他中學球隊的比賽。他的隊友之一是小韋德（Zaire Wade），他是雷霸龍在邁阿密熱火隊的隊友「閃電俠」韋德（Dwyane Wade）的兒子。[6]

即使人才不是母傳女或父傳子，今日的人才發掘機制似乎仍然仰賴家世背景。以歌手泰勒絲（Tyler Swift）為例，她的成功之路有很大的程度，取決於居住的地理位置以及父母的

雄厚財力。泰勒絲在十一歲時啟程前往鄉村音樂重鎮納許維爾（Nashville），開始認真的學習寫歌、彈吉他。她也在運動賽事中獻唱，藉此打開知名度。當她回顧從前時曾說：「我十一歲時發現，如果你還沒有唱片合約，那麼站在廣大群眾前演唱國歌，會是爭取曝光的最佳方式。」

這是個很好的起點，但接下來呢？在她十三歲時，全家從賓州（Pennsylvania）搬到納許維爾，於是泰勒絲能夠離幾個大錄音室更近，更能向老師學習音樂，並與音樂圈的人見面。十四歲時，泰勒絲和索尼／聯合電視音樂出版（Sony/ATV Music Publishing）簽約，是當時該公司簽下年紀最輕的藝人。她的父母不但全力支持她的演藝之路，也因為從事金融業工作累積雄厚的財力，才有能力搬到納許維爾。此外，泰勒絲在中學期間都是在家自學，所以有時間和彈性可以專注在音樂創作上。那麼，我們不禁要問：那些家裡沒有門路、不想舉家遷去納許維爾、不想幫孩子申請自學的「泰勒絲們」，該怎麼辦？[7]

創投公司在尋找潛在創業者方面已經發現新的契機。傳統創投公司通常採取內部「集中模式」，由少數擁有高聲望和高所得合夥人進行選才評估；然而，Village Global和AngelList等新興創投公司則採取「星探模式」，透過外部合作的星探，發掘具有潛力的創業者，例如紅杉資本（Scquoia）

的星探計畫已經有十幾年歷史。

以紅杉資本為例，眾多星探們各自獨立行動，並擁有直接對創投公司開出兩萬五千到五萬美元支票的決策權限。雖然合夥人擁有更高的決策權限，可以為進階型募資計畫開出一千萬美元或更多的鉅額支票，但對於尚在種子期的新創公司而言，「星探」的效用更為顯著，因為這個時期的資金需求通常沒有那麼高。

許多人可能會擔心，聘請外部星探會不會導致公司成本暴增？其實你可以將這些種子期的交易視為最終大型投資的一部分，再來評估能和他們共享的經濟利益。例如，可以讓他們獲得部分交易利潤或股份，或者依這筆投資的實際績效來計算報酬。畢竟相較於合夥人，星探的報酬往往低得多，多數人也不是全職，無形中能為公司省下一大筆支出。

Village Global 共同創辦人，班·卡斯諾查（Ben Casnocha）曾分享他的星探哲學：「在全世界幾乎每個產業中，都在不斷產生由人才驅動的多元化創業行動。面對爆炸式的機會成長，我們認為應該採取一種迥異於過去的發掘、選擇和投資方式。我們相信，建立一個廣泛的人才感應網絡（也就是由數十名星探組成的網絡），將更有可能在第零天就發現才華橫溢的創業者。」[8]

星探模式的限制

多數情況下，星探只負責選才及育才的初期階段。想要成為一名超級名模，不能只靠具備特定類型的長相，還必須具備一些重要條件（請回顧第四章所提到頂尖人才的「成功相乘模型」）。一般來說，超級名模必須擁有穠纖合度的身材、恰如其分的膚色；必須知道如何「駕馭」衣服、上相；必須了解如何擺姿勢和走台步；必須願意花錢矯正牙齒；必須嚴謹自律；知道與不同攝影師與導演的合作之道等等。

之前我們提到過星探裘納克，他遇到的問題是有些來自巴西鄉村的模特兒，無法忍受像聖保羅這種大城市的生活節奏。可以想見，發掘有潛力的名模這件事並不如想像中容易，找到長相標緻的人只是踏出第一步。

值得注意的是，當我們談到發掘潛在名模這一行時，大部分還是採取「集中模式」的選才方式，而非仰賴「星探模式」。所謂「集中模式」，就是由人才仲介公司、模特兒經紀公司、雜誌與其他機構，針對備選名單中模特兒的個人特質與工作習慣做評估（由此可知，外表僅是其中一個評估選項）。這樣的選才模式使得星探這一行也有局限。此外，不管合作形式為何，都需要支付星探酬勞，甚至還需要招募星探（那麼不同行業要找不同星探來負責嗎？還是「自始至終僱用同一批星

探」呢？）

星探的代理問題

　　「星探模式」也可能會造成經濟學家所謂的「代理問題」（agency problems），這是由於訊息的不對稱，導致代理人為了增加個人利益，而做出偏離委託人原訂目標的行為。某種程度來說，會造成這種問題的原因是星探擁有一部分決定權。以模特兒這一行為例，有些星探可能仗著自己有裁決權，用偏見、不公正或甚至毀壞產業名聲的方式，對待他們一手發掘的模特兒，甚至會對模特兒性騷擾。儘管模特兒經紀公司在法律上並不直接對星探的行為負責，但少部分星探的惡行惡狀，還是會損害模特兒經紀公司的聲譽。

　　另一方面，星探無法主導人才招聘的決定權，還是必須歷經模特兒經紀公司評估表現的繁瑣官僚程序，這難免會令他們灰心喪志，或甚至是關心個人名聲勝過企業成功。還有一點要注意，有些星探可能會規避風險，不敢推薦真正的奇才或是跳脫框架的人才，因為他們擔心自己會因此顯得很蠢，甚至丟了飯碗。俗話說得好：「沒有人會因為採購 IBM 而被炒魷魚。」這句話或許可以改成新版本：「沒有星探會因為推薦未來的羅德獎學金得主而被炒魷魚。」我們無意對羅德學人不敬，他們的成就確實非凡，不管如何，世上許多公司都會找到

並雇用他們。不過這群已經走在羅德學人坦途上的人，大概不會是你希望星探為你尋覓人才的方向，而且很可能他們也不那麼熱衷加入你（具有風險）的新創事業。

星探過於高估人選表現

　　過於仰賴星探推薦的人選，有時也會因過度自信而導致出價過高的缺點。關於人才搜尋的偏見，最嚴謹且規模最大的研究者當屬耶魯大學管理學院的凱德・梅西（Cade Massey）和芝加哥大學商學院的諾貝爾經濟學獎得主理察・塞勒（Richard Thaler）。他們研究國家美式足球聯盟的選秀，發現相較於之後幾輪選出來的球員，第一輪選出來的球員整體來說能力都被高估了。也就是說，一旦球員真正的實力漸漸顯露出來，會發現球隊自以為的識才能力其實並不精準；此外，長期看來，球隊似乎也沒從這些錯誤評估中學到什麼教訓。從本質上來看，選秀的前幾輪即使找到最有才華的球員，但所付出的金錢成本也相當高昂，而之後才被挑中的球員反而是最划算的交易。[9]

　　為掌握這個結果的要義，請記住職業美式足球是多麼專精的領域。職業選秀中的潛力球星通常已經被球探追蹤多年，而且往往從中學時期就開始。他們之前的表現可以用大學時期的統計數據來衡量，有很多他們比賽的影片，還有很多職業球

探會去看比賽，或是在電視或影片中觀察他們。他們和家人與朋友也會接受大量採訪和人格特質剖析。此外，美式足球隊投資數百萬美元在每位球員身上，不只是薪水，還有設備、醫療協助和訓練。這個賭注下得很大，很難想出還有什麼領域會在提升新進員工素質上投下如此大的成本。

然而，球隊還是為首輪選秀付出過高的代價。梅西和塞勒解讀，這是因為球隊過度自信才會產生這個結果，有可能那是一個相關因素，但這些偏見也可能反映出星探的代理問題。因為球探會吹捧有才華的潛力球星，讓自己與未來贏家有緊密連結，順勢抬高自己的行情。球探並不會太關心球隊的收益，這使得球隊最後會為那些不如預期表現的球員付出過高代價。

另一個普遍的現象是，星探通常會做出符合或討好老闆個人偏好的行為。最近，科文雇用一名非常有才華的星探來協助「新興創投」專案，他正努力研究該怎麼避免讓星探試圖仿效他的判斷，而是專注在另闢蹊徑尋找珍貴的奇才。他向這名星探慎重表示：「**不要討好我！**」但是你或許可以看出，這個指令其實有著潛在的矛盾。

星探模式的激勵動力

成功的「星探模式」關鍵在於激勵。一開始「新興創投」

的星探本身就是創業投資者，尋找最佳人才，讓合夥人獲利是他們的最大動力。這招確實見效：從Google到Apple，不斷有天生反骨的局外人進入公司，而那些守門員也都得到豐厚的報酬。但隨著星探愈來愈多，求才變成更普遍的概念，獎勵不見得都是金錢報酬，我們可以善用地位當作獎勵。舉例來說，一些Y Combinator最成功的產品（Airbnb、Dropbox）都是來自於推薦榜上的熱門產品。葛羅斯的Pioneer公司裡有個最佳推薦人的積分榜，那是Pioneer最有人氣的頁面，雖然其中大多數的推薦可能不夠精準，但最傑出的候選人通常都會被眾人推薦。

　　而這又把我們帶到第二個激勵動力：利益共享、風險共擔。創投基金也執行星探計畫，提供許多創業者免費資金進行投資。只有利，沒有弊。這些計畫通常表現不佳，但是偶爾星探會發現一家出色的公司，然後創投業者就會加倍投資。正常的創投世界不是這樣的，一般情況下，基金的合夥人有經濟和地位利益要考量好壞。創投免費資金的創業家並沒有增加錢，也沒有增加地位，而這些創業者的主要志業是當上執行長，而不是創業投資者。儘管如此，這可能會給他們一定程度的想像力，讓他們可以發現其他人沒看到的機會。

　　從本質上來看，沒有投資的發掘人才行動以精準度為代價來增加多樣化。你可以讓更多的參與者從事其他工作，以奉

送他們的交易流給你，換取價值。如果你的過濾成本較低，這樣做不失為好辦法。反之，如果你的交易成本很高，你可能必須考慮一些風險因素。不管是財務風險（個人資本與外部資本）還是地位風險（要求星探以自己的名義去發掘人才，並視為主要工作），可以用來讓這個過程增加額外紀律。

蘇聯的「集中模式」人才評估

　　相較於尋找超級名模的做法，接下來我們要分享另一種方式：「集中模式」人才評估。蘇聯西洋棋界的選才方式就是一個例子，這是透過國家體系以抽樣方式審視幾乎所有可能的候選人。幾乎每個蘇聯的孩子都上學，而所有學校都鼓勵學生下西洋棋，甚至學校課程中就有西洋棋。西洋棋也是蘇聯社會的關注焦點，國家還提供相當高的報酬給最優秀的棋士，包括有機會出國。在蘇聯人民的家庭生活中，會下西洋棋的家長人數眾多，他們會在孩子年幼時就教導他們下棋。總之，到處都有活躍的西洋棋社團，而不只是靠學校教育而已。

　　如果你有機會成為頂尖的蘇聯西洋棋士，你會被這個天羅地網的體系發現的機會相當高，成為漏網之魚就很難，而人才搜尋靠的不是找出隱藏在某個小村莊不為人知的新秀而已。在蘇聯，不會有星探在購物商場或迪斯可舞廳裡走到小朋友面

前說：「嘿，你看起來是個優秀的西洋棋士！」相反的，即使你不住在大城市裡，透過蘇聯西洋棋與學術機構，具有天資的年幼孩子還是會被發掘並受到鼓勵，日後便有機會成為厲害的西洋棋士。機構中審查和評估機制幾乎全面普及，所以有潛力的人才都有機會大放異彩。

「集中模式」的人才評估結果就是，蘇聯棋士從一九四〇年代開始就稱霸世界西洋棋賽事，直到一九九〇年代蘇聯垮台為止。也正是從那個時候開始，俄羅斯就只是「另一個下西洋棋的國家」，就此失去在西洋棋領域的強大優勢。

然而，如今在大多數領域，蘇聯的人才搜索方式並不可行。一方面，當今絕大部分社會並沒有那麼多由上到下的控制，就連至今仍部分實行共產主義的中國也是如此。此外，人才搜尋也更加國際化，而多數領域的相關任務、技能與結果都不像西洋棋界那樣具有明確定義。有時候，你甚至不知道你在某個人才身上究竟要找的是什麼能力，而且就算你真的找到一個潛在人才，也不可能用「嘿，我們來下一盤棋吧！」那麼簡單明白的測試方式，試圖看出他的才能。正因如此，「星探模式」的選才方式將變得更為重要，至少會比你在浩瀚無邊的人才庫中努力搜索要來得更有效率。

請注意，隨著科技的飛快發展，類似像蘇聯「集中模式」的選才方式極有可能會應用在未來更多領域，雖然不會立刻被

採行，但我們確實可以想像一個未來的世界，擁有每一個人的大量數據資料（包括基因數據），而且在孩子年幼階段，這些數據就會被用在人才搜索上。到時候，你不必再「苦苦尋找」人才，至少當你取得系統內的數據時，就不用找得這麼辛苦。再舉個極端的例子，如果有一天每個人都被臉部監測系統追蹤並記錄，你可以想像未來人工智慧會直接挑選出最有潛力擔任時尚超模的人，直接傳送簡訊給他們，安排他們和模特兒經紀公司見面。

在此我們討論的重點，不在於這件事情可能成真或是會很快成真，而是提醒你，應該以開放的心態來面對「評估人才」和「搜尋人才」之間的平衡，思考未來的選才趨勢會如何演變。目前，「搜尋人才」這個面向相對來說比較重要，但未來的天平很可能會往「評估人才」那一端擺盪。因此，你不該認為當前的選才機制是理所當然或不會改變。

找人才，讓科技來幫忙

我們估計，未來會有愈來愈多人才是由「數據」或AI星探所發現。舉休士頓太空人隊（Houston Astros）為例，他們是職棒中最具量化優勢的先進球隊之一，他們已經不再使用球探到現場發掘人才的做法，反而是偏好用Statcast系統（一種

根據大量數據的先進追蹤技術）來做錄影和評估。[10]

　　未來的人才搜索可能會愈來愈類似電競產業的做法；在電競產業，潛在玩家會受邀出賽，接受評鑑。就拿《魔獸世界》的頂尖玩家來說，他們的崛起並不是透過星探走訪本地的中學，然後說服孩子們加入電競遊戲，或是在購物商場四處張望，然後突然衝向某個人，說：「喔！你的拇指看起來很強壯。哇！你那蒼白的膚色，一看就知道你整天宅在家裡打電動。」或是測量他們的智商、反應速度或是遊戲耐力。相反的，數百萬人一開始就想玩《魔獸世界》，而遊戲過程本身就在評估他們的能力。這很像蘇聯的「集中模式」選才方式，只是由遊戲本身與其數據系統取代政府及西洋棋體制。

　　就像超級名模海蒂・克隆（Heidi Klum），她的發跡就不同於許多是由星探發掘而來的名模，她從模特兒競賽的三萬名參賽者中脫穎而出。在未來，遵循這種選才模式的可能性更高，只不過資訊科技會在評比中扮演更重要的角色。[11]

　　難道最優秀的《魔獸世界》玩家不是被當前的機構挑選出來或發現的嗎？或許如此。但是《魔獸世界》很有名，數百萬人玩過這個遊戲或其他類似的遊戲，而不想玩或不想花精神在上面的人，應該也不會有那個決心和毅力想要成為頂尖玩家。因此，很有可能找出《魔獸世界》的頂尖玩家會比找超級名模更有效率。對於精確評估的重視，同時意味著你在《魔獸

世界》得高分，不會是靠著給星探好處而來；你能從模特兒競賽脫穎而出，不會是因為你有個親戚在模特兒圈工作；或者，你有資格出國參加世界級西洋棋錦標賽，不會是因為你絕口不提自己的政治觀點。從某種意義上來說，目前的電競市場是唯才是用的領域，得分最高的人就是贏家。

如今，遊戲不再只是一種娛樂消遣而已，有很多人靠玩線上遊戲維生，他們甚至會經營粉絲群並和粉絲互動。電玩錦標賽已經成為一個「玩真的」的經濟活動，也是自成一格的娛樂產業和活動賽事。在當今的人才發掘領域裡，大家愈來愈有機會嘗試各種可能。

基於上述分析，如果你正嘗試尋找人才，你得弄清楚對你來說最適用的方式是「星探模式」（以搜尋為主）或是「電競模式」（以評估為主），或是很有可能你同時需要兩者。不管如何，我們認為問題關鍵在於：整個人才市場並沒有認真針對這兩種模式進行分析及思考，而我們深信，了解兩者的箇中差異將成為未來企業潛在競爭優勢的來源。

誰能成為優秀的星探？

對於星探的依賴也會衍生出一個問題：怎麼找到最好的星探？如同之前提到的，有大量文獻在探討如何找到人才、聘

用人才，但是對於星探的評判標準呢？星探的智商重要嗎？具備「嚴謹性」或「神經質」重要嗎？我們實在很難找到實際的數據資料，甚至連相關資料或案例也很難取得。比方說，如果你閱讀討論棒球球探的書籍，你會發現內容雖然有趣，可是好像無法針對誰會是個優秀的球探，提供一個簡單明瞭的答案。

　　儘管如此，我們提供以下（高度推測性的）要點，以供你尋找與評估優秀的星探。首先，優秀的星探通常不見得和優秀的員工具備相同特質。好的星探通常精通的是人脈網絡，而非工作表現本身。不過，好的星探仍然必須對主題或領域有透徹的了解，但他本身不需要具有親身經驗（例如曾是該領域的明星）；事實上，曾經是明星反而可能干擾星探的客觀和判斷力。頂尖明星多半對不同類型的其他人才有種難以容忍的偏執心態，或是對於明日之星在短期內成功抱持太高的期望。

　　第二，好的星探應該有一定的魅力。不是只有星探在找明日之星；明日之星也在找星探。某方面而言，星探的人格特質必須出眾，必須具有能吸引潛在人才、激發其抱負的能力。就這點來看，請將人才搜索看作是雙向的媒合平台。請站在潛在人才的角度設想（至少暫時如此），自問：什麼類型的星探會吸引你。星探這一行很競爭，你的星探並不是市場唯一的選擇，也絕對不會是頂尖人才的唯一選擇。在某些方面，選擇追隨哪個星探更像是你所關注的「挑選人才」。畢竟，這個市場

上真正有議價力的是誰？是星探、還是潛力無限的明日之星？

　　第三，優秀的星探必須非常善於與總公司溝通，尤其是在規模較大、科層體制較複雜的組織內。光是找到明日之星是不夠的，你還得說服別人相信你確實發現非凡人才，因此，星探必須具備寫作與簡報技巧。此外，容我們再強調一次，星探必須有個人魅力，這樣不僅能讓人心動，還能馬上行動。在規模較小的組織內，如果你是為自家公司發掘人才，這個因素比較不重要，如果你是有魅力的獨行俠，你還是很有可能成為有一番作為的星探，至少在你的個性和你的業務級別相配的時候。[12]

　　第四，如果你正在用非傳統的方式找人才，不要只靠老方法找專家。舉例來說，休士頓太空人隊聘用一位麥肯錫顧問和一位前二十一點發牌員（他之前也是工程師），來幫他們把尋找棒球人才變成一個高度量化的歷程。如你所料，老派的棒球球探認為發掘人才全都是靠自己的直覺和人脈，所以他們並不是引進這些新式搜尋人才方法的理想選擇，儘管他們在球賽和球員發展上相當專業。請你盡可能保持開放的心態來思考「選才」一事，不管是「量化交易分析師」還是人文學科專家，都可能搖身一變，成為比具有狹窄領域專業知識之人更有價值的專家（前提是你正在嘗試新的人才搜尋方法，而且星探的能力必須與搜索方法相匹配）。[13]

　　星探覓才應該要多客觀？這是個有趣的問題。正如我們在第一章所述，我們明白提爾（有史以來最成功的伯樂）的覓才方式，和他對於人的哲學與道德判斷密切相關。就人才搜索過程中尋求成功結果的意義上來說，提爾是客觀的，但是在動用自己的情感與判斷，來激發和磨練他對於誰是潛在人才、誰又不是潛在人才這點上，他絕對是高度主觀。不管你的觀點為何，提爾的世界觀和你的世界觀相當不同，這是提爾在尋找人才上的一大優勢；也就是說，他把個人意志和判斷加諸於人才搜索過程中，這個方法給了他大多數人根本沒有的能量和洞察力。

經營你的人脈：這也許是最重要的一課

　　還有最後一點。儘管你在覓才、面試、試圖找出較好的儲備人才上投入所有資源，還是無法取代擁有一個優異人才資料庫的優勢。那取決於你的人際網絡，是你和你的組織經營多年的網絡（但願你已經著手進行），取決於你認識的人、願意推薦你的其他機構、你的組織在社會大眾眼中的形象、你之前員工的網絡、媒體對於你的報導、你在社群媒體上的表現，以及可能有捐助者或董事會成員等等的許多因素。

　　你可能無法直接接觸大多數人才，也許你的團隊中也沒

有成員認識他們，不過這些人才認識你。你必須善用各種形
式，讓他們有機會從沉寂中現身，例如前來應徵工作或申請獎
學金。換句話說，如今大多數的人才不是開著粉紅色的SUV
在巴西南部繞來繞去搜尋來的。

　　生物醫學領域的創投者東尼‧科勒薩（Tony Kulesa），在
談論科文「新興創投」專案的文章中，清楚解釋建立人脈網絡
的方法：

　　科文善用宣傳的方式，讓擁有各種技藝的人都來申請專
　案，而且申請的人也會特別**認真**……科文素來以創造不拘一
　格和創新思維的內容而聞名。當他特意尋找人才時，他會透
　過精心規劃的內容，藉由以下這些媒體管道發送出去：他是
　經濟學部落格《邊際革命》的主筆之一（根據SimilarWeb的
　統計，該部落格每個月有一百萬人次閱讀量）；他有十八萬
　六千名Twitter粉絲；他主持podcast節目《與泰勒對談》；還
　上提摩西‧費里斯（Tim Ferriss）、艾瑞克‧韋恩斯坦（Eric
　Weinstein）與夏恩‧派瑞許（Shane Parrish）的podcast節目。

　　科勒薩接著引述科文（在費里斯節目中）的話如下：「我
盡量保持有點古怪和費解，以至於很多聰明的人會特地寫信給
我。如果我收到太多不聰明的電子郵件，我會覺得我寫的東西

一定有哪裡不對勁……因此，優秀的申請者比例相當高。也許現在我談論這個專案只會降低比例而已。」科勒薩也寫道：

> 一旦科文發現一個人才濟濟的社交圈，他就會擴大規模並快速決定資助其中成員。他的目標似乎在於先找到一個人才，然後透過轉介，認識更多源源不絕的人才。你可以把科文的選才策略，想像是在一個尚未被主流過度捕撈的池塘裡釣魚。當他釣起一條魚時，有時候同時會發現一整群魚。[14]

或者想想線上面試時事先建立人脈的重要性，也就是第三章的重點。進行線上面試的最佳方法，就是一開始就擁有強大的線上名聲和存在感，因為那會吸引比較理想的應徵者。此外，你對於面試程序愈是存疑，就愈應該重視一開始的預選和篩選。要是線上（或是實體）面試的困難讓你懷疑你從面試中蒐集到的訊息的品質，就會逼著你在一開始時就投入更多資源在人脈的品質上，也算是有用的影響。

如果你相信人才是公司的最大資產，那麼你也應該相信，你的人脈同樣也是你所在組織最大的資產之一，因為那是未來你吸引人才的方式。此外，你聘雇的員工也會幫助你留住現有的人才，使你的組織更加成功，成為更具吸引力和聲望的地方。

　　談到Pioneer公司，人脈的建立是從創投業者普遍的高聲望、灣區、葛羅斯在Apple的背景以及安霍創投及Stripe兩家公司的支持（這兩家公司原本就享有盛譽）起步。對於Pioneer的評價，則是透過葛羅斯製作的podcast、透過Twitter、透過Pioneer與Stripe及安霍創投的關聯傳了開來。《紐約時報》在早期錦標賽開始時，發表一篇關於Pioneer的文章也很有用，文章把Pioneer形塑為有趣且前衛的公司。後來，《連線》雜誌的一篇報導則比較從挖苦的角度做介紹，但文章仍把Pioneer描述為許多年輕人感興趣的困難的、遊戲化的挑戰。

　　Pioneer一般會和幾個關鍵字相連：全球人才、遊戲化、通往世界的入口、願意考慮不只是「千篇一律」的計畫，例如Axon、攜帶式MRI機器、或是物理學程式語言。最終，Pioneer的贏家、「差點成為贏家」和「好想變贏家」組成的人際網絡，成為Pioneer評價的主要傳播者。

善用人際網絡的力量

　　談到「新興創投」，遞出申請案的人脈網絡多半來自《邊際革命》（科文經營了十八年的部落格）的讀者，這個科文以相對好奇和知識分子的語氣寫成的部落格，就像一塊強力磁

鐵，吸引所有可能成為公共知識分子的人士。其他申請者當中，許多都是認識讀過《邊際革命》部落格文章的人，並且因而認識「新興創投」。其他申請者有些聽過科文的podcast，有些曾在莫卡特斯中心（「新興創投」的母機構）任職，或是認識在莫卡特斯中心工作的人，這些相關因素會篩選出一批具有某類型智能、熱愛學習及好奇心、熱中參與公共議題及具有思考力的人。最終，不論是成功獲得申請機會或申請失敗者都會幫忙推廣「新興創投」，於是又進一步吸引具有類似特質的申請人加入。

如果你問大家是否同意人脈網絡的重要性，大多數人都會說：「當然同意。」可是人際網絡依然被我們輕易忽視。我們每天都趕著在企業或組織裡「救火」，採取行動拓展你的非正式人際網絡感覺是件好事，卻一點也不被認為是急迫或必要之事。此外，建立人脈網絡並不容易，你不可能早上起床大聲宣布：「嘿！我們今天來建立人脈網絡吧。」你必須以公開可見的方式，用心耕耘你的人際網絡。通常是有非常強大的非正式社交人際網絡的機構因為想要進行的專案，最終間接建立起來，而不是透過非正式人脈網絡直接規劃。

關於人脈網絡的力量，我們特別想分享曾被《滾石雜誌》（Rolling Stone）選為史上最偉大的美國歌手艾瑞莎・弗蘭克林（Aretha Franklin）的例子。顯然，艾瑞莎是一名黑人女性，青

少女時期曾未婚生子兩次。你可能認為擁有這樣背景的人很難被發掘，部分情況也確實是如此。但是，底特律的黑人音樂界很早就發現了艾瑞莎，原因之一是她的父親是一位相當知名的傳教士。

艾瑞莎十二歲時就以唱歌聞名，當時她還曾和較年長、日後被稱為「靈魂樂之王」的山姆・庫克（Sam Cooke）約會，不過那不是重點，重點在於：她是在哪個圈子裡被發掘的？如果你不認識知道艾瑞莎才華的人，你根本很難發現有她的存在。十八歲的艾瑞莎能和哥倫比亞唱片公司簽下合約，部分原因是音樂星探善用底特律和其他美國大城市的人脈網絡，才得以找到人才。如果你只是站在街角，你大概沒辦法發現你所在的這個世界裡，竟然有一個名叫艾瑞莎・弗蘭克林的人這麼會唱。這告訴我們，一定要盡可能好好投資、經營你的人脈網絡。[15]

如何建立起屬於自己的人脈網絡？以下是我們的幾個建議：

忠誠度高的現有社群

許多頂尖學校會直接建立起校友、現任與前任教職員工及學生之間的現有人際網絡，像是哈佛大學、史丹佛大學、普林斯頓大學等等。如果這些學校發出求人廣告，或是需要找人

執行任務或提供協助，就有一個人才濟濟的合作網絡可以運用。

　　有些企業也會建立類似的社群。例如麥肯錫顧問公司（McKinsey）就建立一個前員工線上資料庫；而曾待過Y Combinator的員工，也都有著共同經歷的感受與相同的背景。如果未來公司想要招募員工，希望尋求他人推薦和幫忙，都能從這些社群中尋找。某種程度來說，加入社群的成員都經過篩選，所找到的推薦人選也會比大海撈針來得更符合需求。[16]

專家人才社群

　　有些組織會明確召集一批專家，之後會向這個專家社群尋求協助和建議，或許有朝一日也會從中招聘人才，例如專業協會、科學學會都是這類例子。格理集團（Gerson Lehrman Group）則是將專家和商界人士連結，並且居中安排兩者之間的諮詢服務。許多企業智庫和研究中心也會建立起人脈網絡，之後就能直接尋求幫助、從中進行招聘，或是取得招聘建議。

預先建立人才社群，通常人才（相對）不為人知

　　我們已經在提到Pioneer和「新興創投」的內容討論過這個方法，在此，我們在多提兩個例子。例如「提爾獎學金計畫」（Thiel Fellowship）和新創社群On Deck（網址為

beondeck.com），都是透過建立社群向創業者招手。你也可以在網路上試著創立這樣的社群。

打造吸引人才的平台或工具集

　　Twitter帳號、部落格、podcast、YouTube頻道和線上出版品（Reddit、Hacker News 和許多其他網站）其實都是在建立社群，透過社群的分眾，便會留下一批人、篩掉另一批人。因此，當你透過頻道發送訊息或徵人廣告時，等於是傳給一組你精心挑選過的受眾（這可能有好有壞）。如果原先受眾的素質很高，這會是個很有效的方式，可以提高應徵者的素質。Pioneer和「新興創投」目前都是運用這種方法。

　　重點是，你應該要將篩選機制作為綜合策略的一環，去思考：你的篩選條件會把誰領進門？這些人可能會有哪些優點和缺點？記得，你的人才搜索和面試技巧絕對不會從一張白紙開始；這些技巧應該從了解你的機構在大環境中處於什麼位置開始，以及你在甄選人才時面臨的主要問題是什麼。

| 10 |
打造讓人才發光發熱的舞台

　　我們一直把焦點放在尋找人才上，但實際上「發掘人才」和「創造人才」無法截然二分。「被發現」是鼓勵個人朝著成就和卓越邁出下一步的重要關鍵。如果你能深刻體察兩者之間的關聯，將更善於尋找人才，並讓人才獲得充分發展。這不僅能為你帶來良好的聲譽及績效，還能吸引更多人才為你的事業或組織效力。

　　大家都知道，創投公司會資助具有前景的新創公司，並為創業者提供商業網絡及經驗傳承。但少為人知的是，光是被一家優秀的創投公司選中，就能有效提升創業者的信心與抱負，鼓舞他們對事業的雄心壯志。事實上，創業投資的真正價值不僅僅是發掘人才，而是要幫助社會創造人才、提升人才。正因如此，大部分創投公司（和非營利組織）都散發著積極樂觀的氛圍，以彰顯公司地位、激勵附屬機構，並提升每一個人

的抱負。

提升他人抱負，是你最值得花時間且最有效益的事情之一。你只要在關鍵時刻建議人們去做比心中所想到的更重要、更有企圖心的事，就能有效提升他人的抱負，尤其是那些較年輕的創業者。這不會花費你太大力氣，卻能對他們的職涯乃至整個世界帶來巨大的正面影響。

以提升他人抱負為己任

正如作家喬治·艾略特（George Eliot）在《丹尼爾·德隆達》（*Daniel Deronda*）中寫道：「轉化，是一種心靈深層的神祕轉變。對於我們多數人來說，始終沒有收到任何來自天地的啟示，直到心靈被某個具有特殊影響力的人所觸動，突然間，一切變得昭然若揭。」[1]一旦理解提升他人抱負所帶來的力量，你就會明白，它將帶來比發掘人才還要高出許多的價值；找到對的人並激勵他們，將能獲得無比豐厚的回報。

我們經常發現有些深具潛力的人，其實並不清楚自己除了做目前手頭上的事以外，還能做哪些事情與更好的事情。就像歐巴馬原本沒有計畫要競選總統，直到他驚訝的發現，媒體對於他在二○○四年民主黨全國代表大會上發表的演講給予這麼正面的評價；僅僅幾年後，歐巴馬贏得美國總統大選。[2]

　　歐巴馬的例子告訴我們，很多人（包括你的員工和求職者）都會遭遇自我懷疑的信心危機，即使身在最好的時代，仍有可能把自己看得一文不值。這意味著只要你能做的就是把人才往正確的方向輕推一把，就能帶來很好的回報。如果你碰巧發現那些深陷信心危機而一蹶不振的人，而且同時你也願意深入了解那些危機的本質，你就更有立足點給予他們適時、有效的一臂之力。

　　有時候，你的員工會告訴你，他收到新的工作邀請或是打算轉到其他部門工作。令人訝異的是，有些人竟然會考慮去做比較差、不適合他們的能力或職業道德的工作。這時，你必須告訴他們：「我希望你是為了更好的工作才考慮離職。你一定可以的！」這麼做也是在提高他們的抱負。不要以為最優秀、最有生產力的員工真的知道自己的能耐，因為他們多半不清楚自己的能耐，因此更需要你來引導他們往正確的方向前進，幫助他們充分發揮全部的潛能。

　　當你提高一個人的抱負時，本質上就是在將這個人下半輩子的成就曲線往上彎曲。強大的乘數效應（multiplier effect）所帶來的複利回報，可以持續長達數十年之久；如果那個人之後同樣致力於提高他人抱負，那麼總體影響將更為久遠。當你協助培育出一個可以提高許多人抱負的人，回報將遠遠高於當初你所投入的一切，最終甚至可能演變成不斷增長、永不乾涸

的源泉，為我們帶來無窮無盡的複合回報。這是科文在《頑固的依戀》（*Stubborn Attachments*）書中提出的概念。

曠世奇才是如何誕生的？

如果你對於情境對人的影響以及建立他人抱負有所懷疑，請想想看歷史上有多少曠世奇才在同一個時空中薈萃。統計學家大衛·班克斯（David Banks）曾寫過一篇名為〈天才過剩的問題〉（The Problem of Excess Genius）的論文來探討這個現象。他列舉古希臘時期的知名人物如：柏拉圖（Plato）、蘇格拉底（Socrates）、修昔底德（Thucydides）、希羅多德（Herodotus）、索福克里斯（Sophocles）、尤里比底斯（Euripides）、亞里斯多德（Aristotle）、埃斯庫羅斯（Aeschylus）、沙芙（Sappho）、阿里斯托芬（Aristophanes）等。原因並非「他們喝的水跟別的時代有什麼不同」，而是雅典本身的獨特風氣和文化自信，再加上重視學習、辯論、哲學、戲劇和寫作的教育體制，使得人們能夠辨識並善用人才。在這樣的社會氛圍，使得這些人才能夠相互學習、汲取靈感，在競爭與合作關係中各自發展出卓越成就。

在文藝復興時期的佛羅倫斯也誕生一批一流的藝術家，由達文西（Leonardo da Vinci）和米開朗基羅（Michelangelo）

集大成，然而當時佛羅倫斯及其周邊大約只有六萬人。文藝復興時期的威尼斯則是另一個建立在有限基礎上的人文薈萃之地，知名的藝術家包括：貝里尼（Bellini）、提香（Titian）、丁托列多（Tintoretto）、委羅內塞（Veronese）等；然而，自從十八世紀末以來，威尼斯藝術卻幾乎乏人問津。

十八世紀到二十世紀年代的日耳曼古典音樂名人堂則包括：巴哈家族（Bach family）、韓德爾（Handel）、海頓（Haydn）、莫札特（Mozart）、貝多芬（Beethoven）、舒曼（Schumann）、布拉姆斯（Brahms）、華格納（Wagner）等，雖然當時德國的人口和財富遠遠低於今日的德國，卻締造出眾星雲集的輝煌年代。這些璀璨成果的背後多少帶有一些遺傳上的運氣（試想要是貝多芬的父母未曾相遇呢）；不過，那些年代在發掘人才、激勵可造之才方面，確實創造出驚人成就。

近年來，灣區已然成為重要的優秀人才培養皿，吸引、培育、鼓舞無數有關科技、軟體、新創公司等領域人才；想想灣區在嬉皮文化、另類文化、迷幻文化以及同志解放所扮演的角色就可知道。歸根究柢，想要發掘和培育未來人才，不管是環境文化、精神特質、競爭心態等全都很重要，只要你能在所在的生態系統中開創適當條件，就有可能為人才甄選帶來重大影響。

提升抱負的方法

提升個人職涯與創造力的發展軌跡，就是在提升他未來可能成就的整體斜率。我們可以把那些介入措施視為提供最高的潛在激勵，想像你就像是在有限的規模範圍內，試圖創造下一個佛羅倫斯、威尼斯或維也納。

很多人說：「給一個人魚吃，只餵飽他一餐；教他如何釣魚，可以餵飽他一輩子。」我們認為這個想法太沒有挑戰性了。事實上，「學習如何釣魚」的價值並沒有想像中來得高，這點從漁民賺取的工資就看得出來。而且，光是知道如何釣魚，也無法讓你得到一份成功的高所得漁業工作。

換做是我們則會這樣建議：「幫助一個人提高漁業公司的生產率及成長率。」或者用更好的說法：「幫助他創辦一家能夠養活幾百萬人的漁業公司。教他如何雇用人才，把漁業公司經營得更好。」這樣不僅能改變一個人的發展軌跡，還能進一步讓成千上萬的員工學會捕魚，同時在捕魚過程中做出重要貢獻，並期許自己有天也能更上一層樓，教導更多人這套方法。

如果你發現這個愚蠢的釣魚格言早已深深烙印在腦海中，或者過去的你曾這樣對別人說，現在就把請把這句格言從腦中徹底清除。試著將它升級！想像一家完全取代漁業的公司，未來能以較低的價格，提供更友善環境的優質食品。教導

一個人汰換傳統漁業的方法，這樣我們才真的算是有所進展。

　　許多看似造福他人的介入措施，都只能提供一次性的好處。這樣說並不是要勸阻你做這些善意之舉，我們知道這些善舉在人際支持和文明順利運作上確實扮演著重要角色。然而，請務必正視這些善舉的局限性。給予他人一次性善意所帶來的個人發展軌跡變化如下圖：

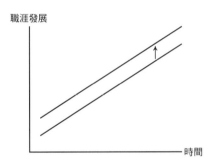

　　提升他人抱負，則會造成如下圖所示的斜率變化：

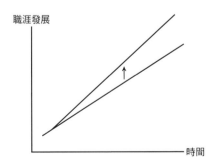

　　短期來看，這兩種介入方式帶來的好處可能差不多；但是久而久之，提升個人抱負的斜率帶來的好處會愈來愈大，而那些好處更會從個人開始遍及到他身邊的每個人。

　　你可能會想：如果較高斜率的好處那麼大，為什麼不一開始就選擇更高、更陡的斜率呢？這或許就是人性的一大謎團，但我們認為它源自於選擇的本質。它在我們做決定時，通常並沒有完整的選項和可能性攤在你我面前，事實上，選項可能多到讓你難以想像。

　　舉例來說，一位有才的年輕人可能從未認真想過，自己將來可能擔任大公司的執行長。這個年輕人聽說過「執行長」這個職銜，或許也沒有排除自己會成為執行長的可能，但如果真要影響這個年輕人的行為，就必須讓他們意識到，這個可能性是個真實、清晰的選項。一旦這個選項在他心中有了鮮明、具體的存在，或許就能激發他的雄心壯志，在某些情況下導致他最終坐上執行長的職位。無論最終結果是否會發生，至少這個選項的預設值，已經從「從未考慮」變成「納入考量」。

　　把對於未來的可能性變得鮮明、具體，是身為導師、星探及榜樣的責任。就像美國娛樂產業把動作片與浪漫愛情片場景營造得栩栩如生，同樣的，導師和星探也必須發揮類似的作用。在這方面，導師會利用人文學科的專業，無論是明示還是暗指，即使他／她認為業界涉及的是科技、STEM，或是其他

嚴謹而明確的領域。此處的關鍵是,導師或星探必須形塑和呈現自己,讓自己展現出一種另類又激勵人心的樣貌,讓人才可以從他們身上看見自己未來的可能。[3]

如果你要提高他人的抱負,應該讓那個人把和你的關係視為值得自豪的事。他們應該覺得自己是被挑選出來的人。他們應該覺得自己經過種種考驗與磨練才有今天。他們應該覺得自己是某個專屬俱樂部的成員。他們可能環顧四周,很開心自己和其他成員有這層關係。

創造這些感受最簡單的方法,就是讓這些感受真實存在。你可以透過建立機構和名目來獎勵你心目中的人才,例如成立創投公司、提供各種特殊獎學金、籌辦競賽並給予獎賞等等。把重點放在一個人的真才實學,但也要明白,實力要能夠發揮,周遭環境也占部分原因。如此一來,你就更能提升那些被你的慧眼相中的人才抱負,並在他們拔尖的路程上,扮演共同開創者的角色。

二〇一四年的電影《進擊的鼓手》(Whiplash)中,透過一位鼓手老師如何激發學生最大潛力的故事,提供我們對於「導師」角色一個重要的文化觀點。葛羅斯在擔任Pioneer面試官時,對於很多應徵者都提到這部電影對他們的影響相當驚訝。也許這部電影之所以這麼吸引人,正因為片中描述一個人透過不斷努力,追求卓越和他人認可。愈優秀的人愈想要有優

秀的表現，他們希望有人能激發出自己的潛能，讓自己變得更好；與此同時，他們當然也會自我懷疑，希望尋求對他們表現的認可，證明自己能在世上占有一席之地。年輕鼓手努力爭取老師認可的電影情節，深深獲得應徵者的共鳴。不過請別誤會，我們可不是主張你應該對應徵者丟鼓棒，而是表達你的認可會被他們視為值得爭取的東西。

你也應該幫助那些獲獎者見到，看似遙遠的事物有一部分是熟悉的（雖然不容易企及）。令人驚訝的是，近年來社會科學累積相當多的證據，都是在證實榜樣或模範的價值，尤其是對女性和少數族群而言，但也是對幾乎所有人而言。如果你見到「和你很像的人」（可用很多種方式定義）在做某件事，那麼那件事就有更大的機會成為一個鮮明具體的選擇，相對也更可能被選擇。[4]

總之，身為星探、雇主、導師、朋友或榜樣的你，可以為他人帶來意想不到的影響力。你可以用對你來說相對低的成本（甚至零成本），幫他們開啟一扇門，而你只需要讓他們看見一些對他們來說更鮮明、更真實的選項。你可以透過寫作、YouTube影片做到這一點，或與他們保持聯繫、給予指導，或甚至只要與他們見面、做你自己就可以了。記得，自然展現你的**某種氣質或精神**，而那樣的氣質或精神就能夠鼓勵他人採取行動。請好好善用這些影響力！

幫助他人拉高眼界

順道一提，這種指導所產生的效應已經獲得研究證實，而且似乎相當強大。二〇一九年，科文在Podcast節目中採訪當年度諾貝爾經濟學獎得主阿比吉特・班納吉（Abhijit Banerjee）。班納吉與他的妻子兼諾貝爾經濟獎共同得主艾絲特・杜芙若（Esther Duflo）等人在二〇一五年發表的論文中指出，為高度貧困人口**提供救助金並同時結合輔導**所能產生的效果，遠高於只提供救助金。在針對六個國家（衣索比亞、迦納、宏都拉斯、印度、巴基斯坦和秘魯）的一系列實驗研究中，救助金結合輔導能產生超過100%的淨回報，有時候甚至高達433%，顯然是相當成功的救濟計畫。相反的，僅提供相同救助金但沒有結合輔導時，就只能產生幅度有限的正面影響。

科文問班納吉，為什麼「輔導」這件事會造成這麼大的差異，班納吉解釋，接受救助金的這些人，成長過程中對自己的期望很低，毫無自信。輔導的目的並不在於傳授任何實務專業知識，而是要讓他們知道還有另一種生活方式，自己還有另一種選擇，改變自己的命運是可能的。[5]班納吉說道：

> 我認為「信心」是最大的問題，因為對他們來說，這一

輩子從來沒真的成功做過什麼事情。他們一直過著勉強餬口的日子，通常必須透過乞討，向人伸手求助。那樣的生活模式無形之中會對他們的自信、對自己的看法造成一些影響。我常常想這些，甚至無法記錄那有多殘酷。試想大家都用輕蔑的態度對待你，即使是向你伸出援手，也總是帶著一絲不屑。

我在印度、迦納的研究對象當中很多人都是這樣，孟加拉尤其如此。有些女性住的地方根本不是人住的，有位女士對我說：「喔，我們那裡到處都是蛇。」另一位說：「我現在在村子裡賣點小玩意兒。」她說的「小玩意兒」就是那種廉價的珠寶首飾或是塑膠飾品。

她還說：「NGO的人告訴我買批發貨的市場在哪裡之前，我從來沒搭過公車，所以我不知道怎麼去。於是他們實際帶我坐公車，告訴我在哪一站下車。可是即使他們帶我這樣做了好多次，但因為我從沒搭過公車，也根本不識字，所以如果是要搭X號公車，我也看不懂那個字是什麼，我該怎麼知道自己坐對公車？」

這些事情對我們來說前所未見。要從一個完全沒有機會的地方開始著手，我想建立信心會是有用的第一步。你會知道自己也可以做到，一切並不會太困難……

這（輔導）也意味著：「只要照這樣一步一步來，你就做得到！」把事情變成一套流程很重要，否則，對方就會覺得即

使你這樣提議，我也不可能做到，因為我從來沒做過。事實上，我根本沒賣過東西，到底該怎麼做呢？

　　事情不僅止於此。把事情轉換成步驟也很重要：你就這樣上車，去那裡，付那麼多錢，他們給你東西，你帶回來。他們在做的事情之一，就是把一切都轉化為一套程序步驟，那和單純告訴對方：「去做某某事。」是完全不同的做法。

　　讓我們回到比較富有的國度。葛羅斯在回顧自己人生發展軌跡的文章中舉了另一個例子，告訴我們提升個人抱負，能夠讓個人發展軌跡斜率產生多大幅度的變化：

　　最後，還有這篇非常**引人注目**的論文。兩位美國研究人員指出，一項針對高成就、低所得學生的介入輔導措施，僅僅在每位學生身上花費六美元（基本上只是**鼓勵**他們申請一流大學），就能對學生產生顯著的正向影響。（平均而言，參與學生被SAT分數**高於中位數53分**、在學生身上花費高於平均34%的大學所錄取。）。[6]

　　這項研究讓我們想要再次疾呼：幫助他人勇敢的去思考更高的職涯軌跡吧！

提供旅行補助

我們的核心觀點是,應該讓潛在的頂尖人才盡早接觸到該領域的頂尖人才。這正是為什麼我們希望身旁能有一位才華洋溢的導師,或是能進入哈佛、史丹佛或麻省理工學院這樣頂尖的大學。倒不是因為在那些名校的課程或教學比其他地方好很多(通常還比較差);而是在那些學校裡,學生有機會見識到該領域頂尖人才的樣貌(那些頂尖人才不僅僅是教師,有時候是其他學生),了解他們的思考、說話、評估問題、做出決定的方式,甚至一窺他們的工作習慣(尤其是當學生擔任他們的研究助理,或是和他們合作撰寫論文時)。更進一步來說,學生甚至還能看到他們在面臨可能失敗與未知盲點的情境下,依舊憑恃強大的優勢能力而獲致成功。

這是一種難能可貴的經驗,甚至比正式課程更重要,因為這類知識多數可以靠自己從書本中獲得。為了浸淫在這樣的環境中,我們傾向選擇知名的頂尖研究型大學,而不是像米德爾伯里(Middlebury)或克萊蒙特(Claremont)這類更偏向教學的小型文理學院。雖然這些文理學院的教授很優秀而且更關注學生,但他們通常並非世界一流的研究人才。

有鑑於這樣的現實,投資人才的方式之一,就是要找出具有發展潛力的年輕人,讓他們接觸那些過去從未親眼目睹的

高成就人士。如果情況允許，請把他們送去某個地方、盡量幫他們安排見面機會。雖然不是每個人都可以見到傑夫‧貝佐斯或比爾‧蓋茲，但請盡你最大努力，讓年輕人見識更高水準的才能、成就與抱負。若能藉此燃起他們心中的雄心壯志，那麼上述努力絕對不會只是一次性的投資，而是足以改寫他們未來人生成就軌跡的關鍵行動。

對於許多有才氣的年輕人而言，獲得旅行補助就能去曼哈頓或灣區見見世面，因為那是頂尖人士聚集薈萃之地。但是對於娛樂產業人才來說，見世面之地可能是洛杉磯；對於生物科技領域人才來說，可能是麻州的劍橋（或英格蘭的劍橋）；對於餐飲界人才來說，可能是巴黎或東京。然而最令人訝異的是，可能得到旅行補助的人往往覺得有意義的地點太少，因為多數地方並沒有大量世界級人才聚集。事實上，我們把「缺乏適合造訪地點」視為一個警訊，這表示世界在發掘與培養頂尖人才上並沒有做得很好，多數人沒有機會接觸到所屬專業領域（或業餘愛好）中真正的「一流人才」，以至於始終無法將全部潛能發揮出來。

比旅行補助效果更好的（但也更花錢）的方案，是到特定專業領域人士群聚的地區住個一年或更久的時間。然而，姑且不論花費，很多人還沒準備好踏出這一步，所以還是得先借助旅行補助，引導他們到該去的地方。

　　最後，旅行補助中的一小部分，應該被用在不是特定專業人士群聚的地區。有些人一直活在由特定專業群體構成的狹小世界之中，總是先入為主的遵循領域流行的觀點，他們真正需要的是離開現有環境，或許可以去一個與世隔絕或遺世獨立的地方。假設你有一群員工自小在曼哈頓上西區長大，而你正在思考該補助他們去哪裡旅遊，那麼「到衣索比亞鄉下地區住個半年」或許會是一帖良方（請記得，衣索比亞的許多鄉下地區還沒有穩定的網路可用），上述建議並非是常態，但確實值得考慮。如果這群人到當地生活後，能夠發現到衣索比亞鄉下人對於種植畫眉草（teff）及聖像畫所擁有的驚人專業知識，那樣就更好了。

鼓勵參加競賽（或舉辦比賽）

　　參加競賽的好處，就是可以讓參賽者接觸到頂尖人才和從業者，讓他們具體看出從事這個領域發展的可能性。從這個角度來看，參加競賽和旅行補助很像，只不過你是把他們送到一個只是暫時重要的地點。

　　參加競賽還有其他的功能，那或許能說服參賽者，社會或科技趨勢是真實的，或者是善意的，又或者很受歡迎、值得加入，又或者是一點也不瘋狂的事。比賽使得這些知識變得更加立體，那是我們用紙上談兵時所看不出來的事。「看啊，這

些都是對於核融合有興趣的人！」你可以把「核融合」代換成
「加密貨幣」或是「創業投資」。

　　當然，參加競賽也是有風險的，有可能反而會把參賽者
嚇跑（「嘿，那些人瘋了！」）。不過，通常那些被嚇跑的人也
不會以任何方式對這個事業做出任何貢獻，所以參加比賽只會
加速他們轉換跑道，說不定他們還因此找到更適合自己的路。
不過也有可能這群人是真的瘋了；如果是那樣，早發現不如晚
發現好。總之，參加競賽是對領域文化契合度的加速測試。

　　籌辦賽事很可能要花很多時間和金錢，但這是提高你心
目中人才抱負的理想方式。你可以主導一切細節，從活動的
受邀者是誰，到早餐吃什麼，全都由你決定。葛羅斯曾經為
Pioneer 舉辦一場成功的賽事，科文也為「新興創投」辦過這
樣的競賽。

　　當你籌辦競賽時，有一個關鍵需要特別注意：參賽團隊
要有共同的方向。你可以試著稍微提高他們的抱負水準，但團
隊本身要開創出自己的活力及氣場。如果你選才和設計得當，
團隊成員就能在競賽過程中充分互動，提高彼此的抱負。當領
導者（你）和同事朝著一個共同的方向推進時（也就是提升他
人抱負），成效自然會相當卓著。但前提就是：你必須給予他
們自由，讓他們對定義團隊的意義做出貢獻。

為何而寫？為何而讀？

終於到了本書旅程的終站！對於我們來說，寫書是另一種能幫助大家具體認識人才、學習發掘人才之道的方式。雖然不是每個人都可以參加特殊聚會、搬去灣區和創業者當鄰居、或是經營一家創投公司，但閱讀一本書對多數人來說並不困難。即使你什麼地方都去過、什麼人都見過，還是需要一本書當作思考時的試金石、提醒你重要事項的象徵物，讓你把思緒聚焦在「人才」這個主題，幫助你和其他人一起討論這個重要的主題。

撰寫這本書的唯一目的，是為了讓你更清楚體會發掘人才的概念。我們確信，許多實證結果會隨時間推移而改變，並隨新的研究、新的知識、新的資訊而持續更新。但無論如何，發掘人才都是一件重要的事，更是一門可以不斷精進、可以傳授給他人的藝術。這個願景，正是本書的核心要點。

現在，請付諸行動吧！也期盼你能不吝將這一路的所學、所知回饋給我們。

謝辭

　　我們要特別感謝下列人士，提供我們許多受益無窮的建議、討論及協助：阿道比・阿迪貝（Adaobi Adibe）、山姆・奧特曼、馬克・安德森、克莉絲汀娜・卡喬柏（Christina Cacioppo）、阿格尼絲・卡拉德（Agnes Callard）、布萊恩・卡普蘭（Bryan Caplan）、葛雷格・卡斯基（Greg Caskey）、班・卡斯諾查、約翰・柯瑞森（John Collison）、派屈克・柯瑞森、娜塔莎・科文（Natasha Cowen）、蜜雪兒・道森（Michelle Dawson）、愛麗絲・埃文斯（Alice Evans）、李察・芬克（Richard Fink）、艾拉德・吉爾（Elad Gil）、奧倫・霍夫曼（Auren Hoffman）、雷德・霍夫曼、羅賓・漢森、班・霍羅維茲、科爾曼・休斯（Coleman Hughes）、加里特・瓊斯、查爾斯・科赫（Charles Koch）、桑德爾・萊霍茨基（Sandor Lehoczky）、卡迪姆・諾雷（Kadeem Noray）、斯魯

蒂‧拉賈戈帕蘭（Shruti Rajagopalan）、丹尼爾‧羅斯柴爾德
（Daniel Rothschild）、霍利斯‧羅賓斯（Hollis Robbins）、邁
克‧羅森瓦爾德（Michael Rosenwald）、維吉爾‧史托（Virgil
Storr）、亞歷克斯‧塔巴羅克（Alex Tabarrok）、彼得‧提爾
（Peter Thiel）、艾瑞克‧托倫伯格（Erik Torenberg）、彼得‧
托斯喬（Peter Tosjl）。如果有些人被我們不小心遺漏，不情之
處，還請多多包涵。

給面試官的好提問

下列問題大部分是從本書內容中擷取出來的，我們也補充了幾個問題，來增加你的閱讀樂趣。你可以從本書第二章和第三章，了解「如何使用」以及「何時使用」這些問題。

- 你覺得這裡的服務如何？（適用於特殊的面試地點）
- 你覺得這裡和室內環境有何不同？（適用於特殊的面試地點）
- 你為什麼想在這裡工作？
- 你的配偶、伴侶或朋友會用來描述你的十個詞彙是什麼？
- 你做過最勇敢的事情是什麼？
- 如果你加入我們公司，卻在三到六個月之後決定離職，可能的原因為何？（或者問相同的問題，但把時間改成

五年後，看看兩者答案有何不同。）

- 你如何準備今天的面試？
- 你小時候最喜歡做什麼事？
- 你覺得在上一份工作有受到賞識嗎？你覺得哪方面沒有受到賞識？
- 你認為我們的競爭者是誰？
- 假日或閒暇時，你的瀏覽器通常會開啟哪些分頁？
- 你的哪些成就對你的同輩來說，是非凡或獨特的？
- 哪一個主流觀點或共識是你全心全意認同的？
- 你至今抱持過最不理性的信念是什麼？（或是更好的問法：「你有哪些觀點是近乎不理性的？」）
- 你最有可能判斷錯誤的信念是什麼？
- 截至目前為止，你覺得自己在面試中表現得如何？
- 你希望自己能多成功？（或是換個方式問：「你有多大的企圖心？」）
- 為了達到職涯目標，你願意用什麼來交換？（或是問：「你覺得要達到職涯的目標，你有可能必須拿什麼來交換？」）
- 在職場上，明知故犯的概念指的是什麼？和純粹的錯誤有什麼不同？你可以用一位同事的例子來解釋嗎？
- 比起面對面互動，Skype 或 Zoom 視訊會議在哪些方面

能傳達更多訊息？

- 你是否擁有一些不容易被別人發現的能力？
- 面試官自問：這個人好到讓你樂意為他工作嗎？
- 面試官自問：這個人能夠用比其他人更高的效率，達成你所提出的需求嗎？
- 面試官自問：當這個人與你意見相左時，你認為他很有可能是對的嗎？
- 如果用一到十分來進行評分，你覺得你在哪個項目上可以得到幾分？為什麼你會給自己那樣的分數？

總之，盡可能透過對話，從對方過去的人生事件中了解他的實際偏好。

注釋

第一章

1. 參考自葛羅斯發表於Medium的自傳式文章: "Introducing Pioneer," August 10, 2018, https://medium.com/pioneerdotapp/introducing-pioneer-e18769d2e4d0. 本章有關葛羅斯的介紹是由泰勒獨立撰寫。

2. "What Will You Do to Stay Weird?," *Marginal Revolution* (blog), December 24, 2019, https://marginalrevolution.com/marginalrevolution/2019/12/what-will-you-do-to-stay-weird.html.

3. Peter Cappelli, "Your Approach to Hiring Is All Wrong," *Harvard Business Review*, May–June 2019, and Sarah Todd, "CEOs Everywhere Are Stressed About Talent Retention— and Ignoring Obvious Solutions for It," *Quartz*, January 15, 2020.

4. Eric Berger, *Liftoff: Elon Musk and the Desperate Early Days That Launched SpaceX* (New York: William Morrow, 2021), 20.

5. 撰寫本書期間,我們看到國家公債殖利率降至負值的情況普遍存在,而且規模達到數兆美元。這種現象意味著什麼?市場對貸款及資本的需求,並沒有強到能將利率推高至正值的程度。換句話說,資本並沒那麼稀少。對於成功企業而言,最稀少的是人才。

6. 關於這些觀點,請參見:Chang-Tai Hsieh, Erik Hurst, Charles I. Jones, and Peter J. Klenow, "The Allocation of Talent and U.S. Economic Growth,"

Econometrica 87, no. 5 (September 2019): 1439–1474.

7. David Autor, Claudia Goldin, and Lawrence F. Katz, "Extending the Race Between Education and Technology," National Bureau of Economic Research working paper 26705, January 2020.

8. Laura Pappano, "The Master's as the New Bachelor's," *The New York Times*, July 22, 2011; "37 Percent of May 2016 Employment in Occupations Typically Requiring Postsecondary Education," Bureau of Labor Statistics, June 28, 2017, https://www.bls.gov/opub/ted/2017/37-percent-of-may-2016-employment–in-occupations-typically-requiring-postsecondary-education. htm.

9. 本書不會探討人才搜尋的新興人工智慧程式，也就是HireVue和Pymetrics等公司所使用的系統。把所有的履歷和統計資料與面試影片丟進AI黑盒子裡，然後得到有用的解答，目前還言之過早。甚至還有人提到可以測量腦波、其他生物統計數據以及社群媒體個資，但我們對此仍然存疑，至少目前暫時如此。目前那類程式不會抹煞人為判斷的必要，因此人為判斷會是本書的重點所在。針對測量腦波與其他較屬臆測的選擇，請參見Hilke Schellmann, "How Job Interviews Will Transform in the Next Decade," *The Wall Street Journal*, January 7, 2020.

第二章

1. Mohammed Khwaja and Aleksandar Matic, "Personality Is Revealed During Weekends: Towards Data Minimisation for Smartphone Based Personality Classification," working paper, July 29, 2019, https://arxiv.org/abs/1907.11498.

2. Brooke N. Macnamara and Megha Maitra, "The Role of Deliberate Practice in Expert Performance: Revisiting Ericsson, Krampe & Tesch-Römer," *Royal Society Open Science 6*, no. 8 (August 21, 2019): 190327, http://dx.doi.org/10.1098/rsos .190327.

3. Tyler Cowen, "Sam Altman on Loving Community, Hating Coworking, and the Hunt for Talent," *Conversations with Tyler* (podcast), February 27, 2019, https://medium.com/conversations-with-tyler/tyler-cowen-sam-altman-ai-tech-business-58f530417522.

4. 關於選才的概要與組織議題，最近有一本相當好的書：Colin Bryar and Bill Carr, *Working Backwards: Insights, Stories, and Secrets from Inside Amazon* (New York: St. Martin's Press, 2021).

5. 關於典型的反面試文章，請參見Sarah Laskow, "Want the Best Person for the Job? Don't Interview," *The Boston Globe*, November 24, 2013. 或閱讀 Jason Dana, "The Utter Uselessness of Job Interviews," *The New York Times*, April 8, 2017，此文標題不佳，因為文章主要指的是一個特定的研究。關於結構性面試價值的後設分析，請參見：Allen I. Huffcutt and Winfred Arthur Jr., "Hunter and Hunter (1984) Revisited: Interview Validity for Entry-Level Jobs," *Journal of Applied Psychology 79*, no. 2 (1994): 184–190. 也可參見：Therese Macan, "The Employment Interview: A Review of Current Studies and Directions for Future Research," *Human Resource Management Review 19* (2009): 201–218，這份比較新的研究審視相同的問題。

6. Tyler Cowen and Michelle Dawson, "What Does the Turing Test Really Mean? And How Many Human Beings (Including Turing) Could Pass?," published online 2009, https://philpapers.org/rec/COWWDT.

7. 這裡的出處來自私下對話，請參見由Auren Hoffman (@auren)開始的 Twitter對話串："question for those that hire people: What are the best (and most novel) strategies for evaluating people to hire?," Twitter, March 23, 2019, 11:56 a.m., https://twitter.com/auren/status/1109484159389425664.關於幼兒期教育成就的研究，請參見：Ruchir Agarwal and Patrick Gaule, "Invisible Geniuses: Could the Knowledge Frontier Advance Faster?," *American Economic Review: Insights 2*, no. 4 (2020): 409–424.

8. Peggy McKee, "How to Answer Interview Questions: 101 Tough Interview Questions," independently published, 2017.

9. Jeff Haden, "Fifteen Interview Questions to Completely Disarm Job Candidates (In a Really Good Way)," Inc . com, February 14, 2018.

10. CS 9, "Problem-Solving for the CS Technical Interview," taught autumn 2017 by Cynthia Lee and Jerry Cain. 關於簡報，請參見："Teamwork and Behavior Questions: How to Prepare in Advance," https://web.stanford.edu/class/cs9/lectures/ CS9Teamwork . pdf, accessed June 7, 2019, no longer online, full class background online here: https://web.stanford.edu/class/cs9/.

11. Tyler Cowen, "What Is the Most Absurd Claim You Believe?," Marginal Revolution (blog), March 21, 2006, https://marginalrevolution.com/marginalrevolution/2006/03/what_is_the_mos.html；也可參見：Tyler Cowen, "The Absurd Propositions You All Believe," *Marginal Revolution*, March 22, 2006, https://marginalrevolution.com/marginalrevolution/2006/03/the absurd prop .html.

12. Nicholas Carson, "15 Google Interview Questions That Made Geniuses Feel Dumb," *Business Insider, November 13*, 2012.

13. Adam Bryant, "In Head-Hunting, Big Data May Not Be Such a Big Deal," *The New York Times*, June 20, 2013.傑夫・貝佐斯在亞馬遜早期也嘗試過這樣的問題，不過後來該公司放棄這種做法。請參見：Colin Bryar and Bill Carr, *Working Backwards: Insights, Stories, and Secrets from Inside Amazon* (New York: St. Martin's Press, 2021), 32.

14. Jessica Stillman, "The 3 Questions Self-Made Billionaire Stripe Founder Patrick Collison Asks About Every Leadership Hire," *Inc.*, November 19, 2019, https://www.inc.com/jessica-stillman/questions-to-ask-leadership-hires-from-stripes-patrick-collison.html.

第三章

1. 相關的有趣評論請參見：Viv Groskop, "Zoom In on Your Meeting Techniques," *Financial Times*, April 7, 2020.

2. Spencer Kornhaber, "Celebrities Have Never Been Less Entertaining: Top Singers and Actors Are Live-Streaming from Quarantine, Appearing Equally Bored and Technologically Inept," *Atlantic*, March 21, 2020.

3. 關於線上教學的有趣討論，請參見：Jeanne Suk Gersen, "Finding Real Life in Teaching Law Online," *The New Yorker*, April 23, 2020.

4. 請參見：Gal Beckerman, "What Do Famous People's Bookshelves Reveal?," *The New York Times*, April 30, 2020. 關於談論英國國會議員的期刊，請參見：Sebastian Payne, "Zoom with a View: The Pitfalls of Dressing for 'Virtual Parliament,' " *Financial Times*, April 29, 2020.

5. Julia Sklar, " 'Zoom Fatigue' Is Taxing the Brain. Here's Why That Happens," National Geographic, April 24, 2020, and also Kate Murphy, "Why Zoom Is

Terrible," *The New York Times*, April 29, 2020.

6. Daniel's short essay "Communication in World 2.0," April 2020, https://dcgross.com/communication-in-world-20.

7. John Cornwell, *The Dark Box: A Secret History of Confession* (New York: Basic Books, 2015), especially xiii–xiv and 44–45.

8. Ahron Friedberg and Louis Linn, "The Couch as Icon," *Psychoanalytic Review 99*, no. 1 (February 2012): 35–62.

9. Alex Schultz, "How to Go on a Digital First Date," *GQ*, March 20, 2020.

10. "Fever When You Hold Me Tight: Under Covid-19 Casual Sex Is Out. Companionship Is In," *The Economist*, May 9, 2020.

11. Lori Leibovich, "Turning the Tables on Terry Gross," *Salon*, June 22, 1998.

12. Giovanni Russonello and Sarah Lyall, "In Phone Surveys, People Are Happy to Talk (and Keep Talking)," *The New York Times*, April 18, 2020.

13. Alex Schultz, "How to Go on a Digital First Date," *GQ*, March 20, 2020.

14. Jim Hollan and Scott Stornetta's seminal article "Beyond Being There," CHI '92: *Proceedings of the SIGCHI Conference on Human Factors in Computing Systems* (New York: ACM, 1992), 119–125.

第四章

1. Philippe Aghion, Ufuk Akcigit, Ari Hyytinen, and Otto Toivanen, "The Social Origins of Inventors," *Centre for Economic Performance discussion paper 1522*, December 2017.

2. 依賴來自芬蘭的數據可能會使得這些結果在其他地區較不相關。舉例來說，在相對奉行平等主義的芬蘭社會裡，環境或許較不可能左右結果，於是智商對於結果的影響便會提高；以同樣方式來解釋美國的情況並不適合，在美國，童年環境的差異甚鉅，因此可能較能解釋結果。

3. Miriam Gensowski, "Personality, IQ, and Lifetime Earnings," *Labour Economics 51* (2018): 170–183.

4. Erik Lindqvist and Roine Vestman, "The Labor Market Returns to Cognitive and Noncognitive Ability: Evidence from the Swedish Enlistment," *American Economic Journal: Applied Economics 3* (January 2011): 101–128.

5. Sagar Shah, "The Life Story of Vladimir Akopian (2/2)," Chessbase . com,

November 28, 2019, https://en.chessbase.com/post/so-near-yet-so-far-the-life-story-of-vladimir-akopian-2–2.關於西洋棋與智力的相關討論，請參見：Alexander P. Burgoyne, Giovanni Sala, Fernand Gobet, Brooke N. Macnamara, Guillermo Campitelli, and David Z. Hambrick, "The Relationship Between Cognitive Ability and Chess Skill: A Comprehensive Meta-analysis," *Intelligence 59* (2016): 72–83.關於短期視覺記憶導入證據的另一種觀點，請參見：Yu-Hsuan A. Chang and David M. Lane, "It Takes More than Practice and Experience to Become a Chess Master: Evidence from a Child Prodigy and Adult Chess Players," *Journal of Expertise 1*, no. 1 (2018): 6–34.

6. 順便一提，請注意，以數據為本的研究通常無法涵蓋足夠人數的頂尖人才，因此無法以有系統的方式衡量他們的能力。關於此點請參見：Harrison J. Kell and Jonathan Wai, "Right-Tail Range Restriction: A Lurking Threat to Detecting Associations Between Traits and Skill Among Experts," *Journal of Expertise 2*, no. 4 (2019): 224–242.

7. Dunstan Prial, *The Producer: John Hammond and the Soul of American Music* (New York: Farrar, Straus and Giroux, 2006), Benson quotation from 255.

8. Garett Jones, *Hive Mind: How Your Nation's IQ Matters So Much More than Your Own* (Stanford, CA: Stanford University Press, 2016).關於跨人才團隊合作價值的分析，請參見Dennis J. Devine and Jennifer L. Phillips, "Do Smarter Teams Do Better: A Meta-Analysis of Cognitive Ability and Team Performance," *Small Group Research 32*, no. 5 (2001): 507–532.亦請參見 an idea in economics called "O-ring theory"— for instance, Michael Kremer, "The O-Ring Theory of Development," *Quarterly Journal of Economics 108*, no. 3 (August 1993): 551–575.

9. 探討為什麼在這些遊戲中，智商高的人比較會與別人合作，實在是件有趣的事。原因之一可能是，他們通常會習慣用合作的行為展開遊戲（你可以稱之為一種「信念」或「膽識」），這或許反映出他們相當了解合作能夠產生的效益。另一個原因是高智商的人對於策略的執行較為穩定且連貫。如此，他們比較容易且迅速進入並留在自給自足的良好合作迴圈內。而這可能正是你的目標，希望組織擁有具備較佳策略思考能力、且更善於合作的人才。儘管如此，高智商者並非無條件投入合作。舉例

來說，當合作不符合自身利益時，他們可能會更快抽身或另有作為。所以，機會主義的風險可能一直存在，即使平均而言他們比其他人更懂得合作。這個研究還有另一個有趣之處：你可能以為「親和力」（心理學人格理論的定義）較高的人更會合作，但其實不然。他們較可能在遊戲初期合作，以符合你對於他具有親和力的期待，不過隨著遊戲的進行持續下去，他們的合作程度會漸漸不如高智商者。

10. Marc Andreessen, "How to Hire the Best People You've Ever Worked With," June 6, 2007, https://pmarchive.com/how_to_hire_the_best_people.html.

11. 請參見Jeffrey S. Zax and Daniel I. Rees, "IQ, Academic Performance, and Earnings," *Review of Economics and Statistics 84*, no. 4 (November 2002): 600–616. 你也會在這篇文章中發現類似的結論：Jay L. Zagorsky, "Do You Have to Be Smart to Be Rich? The Impact of IQ on Wealth, Income and Financial Distress," *Intelligence 35* (2007): 489–501. 然而，當談到一生累積的財富而非所得時，這份研究就無法找到「財富」和「智商」之間具有正相關的證據。

12. 請參見John Cawley, James Heckman, and Edward Vytlacil, "Three Observations on Wages and Measured Cognitive Ability," *Labour Economics 8* (2001): 419–442.同時可參見由經濟學家和心理學家合寫的文章：Garett Jones and W. Joel Schneider, "IQ in the Production Function: Evidence from Immigrant Earnings," *Economic Inquiry 48*, no. 3 (July 2010): 743–755，或是參考：James Pethokoukis, "Is America Smart Enough? A Long-Read Q&A with Garett Jones on IQ and the 'Hive Mind,' " American Enterprise Institute, January 12, 2016, http://www.aei.org/publication/is-america-smart-enough-a-qa-with-garett-jones-on-iq-and-the-hive-mind/.

13. Dawson McLean, Mohsen Bouaissa, Bruno Rainville, and Ludovic Auger, "Non-Cognitive Skills: How Much Do They Matter for Earnings in Canada?," *American Journal of Management 19*, no. 4 (2019): 104–124, esp. 115.

14. Renée Adams, Matti Keloharju, and Samuli Knüpfer, "Are CEOs Born Leaders? Lessons from Traits of a Million Individuals," *Journal of Financial Economics 30*, no. 2 (November 2018): 392–408.

15. 請參見：Ken Richardson and Sarah H. Norgate, "Does IQ Really Predict Job Performance?," *Applied Developmental Science 19*, no. 3 (2015): 153–169.

至於探討智商和工作表現複雜度之間關係最知名的一篇文章是：
Linda S. Gottfredson, "Where and Why g Matters: Not a Mystery," *Human
Performance 15*, no. 2 (2002): 25–46.然而，從這些文章得出的結論中
會發現，智商和工作表現之間的相關性無法得到證實。對於這些結論
的後續調查與評論請參見：Eliza Byington and Will Felps, "Why Do IQ
Scores Predict Job Performance? An Alternative, Sociological Examination,"
Research in Organizational Behavior 30 (2010): 175–202.

16. "The Top Attributes Employers Want to See on Resumes," National
Association of Colleges and Employers, https://www.naceweb.org/about-us/
press/2020/the-top-attributes-employers-want-to-see-on-resumes/,accessed
June 2, 2020. 亦請參見 https://www.naceweb.org/talent-acquisition/
candidate-selection/key-attributes-employers-want-to-see-on-students-
resumes/.

第五章

1. Timothy A. Judge, Chad A. Higgins, Carl J. Thoresen, and Murray R. Barrick,
"The Big Five Personality Traits, General Mental Ability, and Career Success
Across the Life Span," *Personnel Psychology 52* (1999): 621–652，特別
是第641頁。對於文獻的完整調查，請參見Lex Borghans, Angela Lee
Duckworth, James J. Heckman, and Bas ter Weel, "The Economics and
Psychology of Personality Traits," *Journal of Human Resources 43*, no. 4
(2008): 972–1059.

2. Ellen K. Nyhus and Empar Pons, "The Effects of Personality on Earnings,"
Journal of Economic Psychology 26 (2005): 363–384.

3. Gregory J. Feist and Frank X. Barron, "Predicting Creativity from Early to
Late Adulthood: Intellect, Potential, and Personality," *Journal of Research in
Personality 37* (2003): 62–88.

4. 請參見：Dawson McLean, Mohsen Bouaissa, Bruno Rainville, and Ludovic
Auger, "Non-Cognitive Skills: How Much Do They Matter for Earnings in
Canada?," *American Journal of Management 19*, no. 4 (2019): 104–124, esp.
116.請留意這篇論文考慮到職業選擇對於研究結果的影響，進而更正人
格特質和薪資之間的關係。

5. 請參見：Christopher J. Soto, "How Replicable Are Links Between Personality Traits and Consequential Life Outcomes? The Life Outcomes of Personality Replication Project," *Psychological Science 30* (2019): 711–727. 其他的類似實驗請參見：Maria Cubel, Ana Nuevo-Chiquero, Santiago Sanchez-Pages, and Marian Vidal-Fernandez, "Do Personality Traits Affect Productivity? Evidence from the Lab," Institute for the Study of Labor, IZA discussion paper 8308, July 2014.

6. Murray R. Barrick, Gregory K. Patton, and Shanna N. Haugland, "Accuracy of Interviewer Judgments of Job Applicant Personality Traits," *Personnel Psychology 53* (2000): 925–951;以及Timothy G. Wingate, "Liar at First Sight? Early Impressions and Interviewer Judgments, Attributions, and False Perceptions of Faking," master's thesis, Department of Psychology, University of Calgary, August 2017.

7. Cornelius A. Rietveld, Eric A. W. Slob, and A. Roy Thurik, "A Decade of Research on the Genetics of Entrepreneurship: A Review and View Ahead," *Small Business Economics 57* (2021): 1303–1317.

8. Sam Altman, "How to Invest in Start-Ups," blog post, January 13, 2020, https://blog.samaltman.com/how-to-invest-in-startups.

9. Tom Wolfe, *The Right Stuff* (New York: Picador, 2008), 23.

10. Miriam Gensowski, "Personality, IQ, and Lifetime Earnings," *Labour Economics 51* (2018): 170–183.

11. Allen Hu and Song Ma, "Persuading Investors: A Video-Based Study," *National Bureau of Economic Research working paper 29048*, July 2021.

12. Terhi Maczulskij and Jutta Viinkainen, "Is Personality Related to Permanent Earnings? Evidence Using a Twin Design," *Journal of Economic Psychology 64* (2018): 116–129.

13. 關於這個研究，請參見：Judge et al., "The Big Five Personality Traits." Another relevant paper with broadly similar results is Gerrit Mueller and Erik Plug, "Estimating the Effect of Personality on Male and Female Earnings," *Industrial and Labor Relations Review 60*, no. 1 (October 2006): 3–22.

14. Everett S. Spain, Eric Lin, and Lissa V. Young, "Early Predictors of Successful Military Careers Among West Point Cadets," *Military Psychology 32*, no. 6

(2020): 389–407.

15. Deniz S. Ones, Stephen Dilchert, Chockalilngam Viswesvaran, and Timothy A. Judge, "In Support of Personality Assessment in Organizational Settings," *Personnel Psychology 60* (2007): 995–1027, quotation from 1006.

16. Steven N. Kaplan and Morten Sorensen, "Are CEOs Different? Characteristics of Top Managers," 2020 working paper, https://papers.ssrn.com/sol3/papers.cfm? abstract id = 2747691.關於GitHub與網球選手，請參見：Margaret L. Kern, Paul X. McCarthy, Deepanjan Chakrabarty, and Marian-Andrei Rizoui, "Social Media–Predicted Personality Traits and Values Can Help Match People to Their Ideal Jobs," *Proceedings of the National Academy of Sciences 116*, no. 52 (December 16, 2019): 26459–26464.在具高可靠性的職業方面，請參見：Rhona Flin, "Selecting the Right Stuff: Personality and High-Reliability Occupations," in *Personality Psychology in the Workplace*, edited by Brent W. Roberts and Robert Hogan, 253–275 (Washington, DC: American Psychological Association, 2001).

17. Gregory J. Feist and Michael E. Gorman, "The Psychology of Science: Review and Integration of a Nascent Discipline," *Review of General Psychology 2*, no. 1 (1998): 3–47.

18. Michael Housman and Dylan Minor, "Toxic Workers," Harvard Business School working paper 16–057, 2015.

19. Eugenio Proto, Aldo Rustichini, and Andis Sofianos, "Intelligence, Personality, and Gains from Cooperation in Repeated Interactions," *Journal of Political Economy 127*, no. 3 (2019): 1351–1390.關於「嚴謹性」，請參見：Deniz S. Ones, Stephen Dilchert, Chockalilngam Viswesvaran, and Timothy A. Judge, "In Support of Personality Assessment in Organizational Settings," *Personnel Psychology 60* (2007): 995–1027.

20. Erik Lindqvist and Roine Vestman, "The Labor Market Returns to Cognitive and Noncognitive Ability: Evidence from the Swedish Enlistment," *American Economic Journal: Applied Economics 3* (January 2011): 101–128.

21. " 'Obsession Kept Me Going': Writer Vikram Seth on 25 Years of A Suitable Boy," *Hindustan Times*, October 22, 2018.

22. 重點結果如下：「就男性而言，外化行為若增加一個標準差，就能預

測時薪在統計上有6.4%的顯著增加……就女性而言，外化行為若增加一個標準差，便能預見每周工作時數略增4.7%，但是不會顯著影響時薪。」請參見：Nicholas W. Papageorge, Victor Ronda, and Yu Zheng, "The Economic Value of Breaking Bad: Misbehavior, Schooling and the Labor Market," *National Bureau of Economic Research working paper 25602*, February 2019, quotation from 22. 請注意，即使在控制五大因素人格特徵之後，這些結果還是成立，儘管這些控制把外化行為對男性所得的影響降低了約20%。

23. 不同創投公司之間的區別在於追求頂尖人才的程度。雖然安霍創投會為投機買賣公司和個人提供資金，但紅杉資本和莫里茨似乎更專注於尋找具有明顯所得途徑的專案計畫。而彼得‧提爾特別能吸引一些怪才（也就是從事新穎、不尋常之事的人），但是依然偏好強而有力的執行者進行報酬優渥的計畫。

24. James J. Heckman, Tomas Jagelka, and Timothy D. Kautz, "Some Contributions of Economics to the Study of Personality," National Bureau of Economic Research working paper 26459, August 2019.

25. Juan Barceló and Greg Sheen, "Voluntary Adoption of Social Welfare-Enhancing Behavior: Mask-Wearing in Spain During the Covid-19 Outbreak," SocArXiv preprint at https://osf.io/preprints/socarxiv/6m85q/,accessed July 5, 2020.

26. 關於領導者的「嚴謹性」特質，請參見：Leah Frazier and Adriane M. F. Saunders, "Can a Leader Be Too Conscientious? A Linear vs. Curvilinear Comparison," paper presented at the 15th Annual River Cities Industrial and Organizational Psychology Conference, 2019, https://scholar.utc.edu/rcio/2019/sessions/18/.另請參見：Michael P. Wilmot and Deniz S. Ones, "A Century of Research on Conscientiousness at Work," *Proceedings of the National Academy of Sciences 116, no. 46* (2019): 23004–23010.

27. Robin Hanson, "Stamina Succeeds," Overcoming Bias (blog), September 10, 2019, http://www.overcomingbias.com/2019/09/stamina-succeeds.html. More generally, 請參見Angela Duckworth, Grit: The Power of Passion and Perseverance (New York: Scribner, 2016).一項強調「持續的熱情」重要性的研究為：Brian Butterworth, "Mathematical Expertise," in The Cambridge

Handbook of Expertise and Expert Performance, edited by K. Anders Ericsson, Robert R. Hoffman, Aaron Kozbelt, and A. Mark Williams, 616–633 (Cambridge: Cambridge University Press, 2018).

28. John Leen, "My Dinners with Le Carré: What I Learned About Writing, Fame and Grace When I Spent Two Weeks Showing the Master Spy Novelist Around Miami," *Washington Post*, December 30, 2020.

29. 關於恆毅力、努力及毅力，請參見：Marcus Crede, Michael C. Tynan, and Peter D. Harms, "Much Ado About Grit: A Meta-Analytic Synthesis of the Grit Literature," *Journal of Personality and Social Psychology 113*, no. 3 (2017): 492–511. 更多探討恆毅力與智力關係的內容請參見：Angela L. Duckworth, Abigail Quirk, Robert Gallop, Rick H. Hoyle, Dennis R. Kelly, and Michael D. Matthews, "Cognitive and Noncognitive Predictors of Success," Proceedings of the National Academy of Sciences 116, no. 47 (2019): 23499–23504.

第六章

1. 關於中國的一些問題，請參見：Fanny M. Cheung, Kwok Leung, Jian-Xin Zhang, Hai-Fa Sun, Yi-Qun Gan, Wei-Zhen Song, and Dong Zie, "Indigenous Chinese Personality Constructs: Is the Five-Factor Model Complete?," *Journal of Cross-Cultural Psychology 32*, no. 4 (July 2001): 407–433.

2. 舉例來說，早期為「辭彙假說」的辯護：Michael C. Ashton and Kibeom Lee, "A Defence of the Lexical Approach to the Study of Personality Structure," *European Journal of Personality 19* (2005): 5–24.

3. Sam Altman, "How to Invest in Start-Ups," blog post, January 13, 2020, https://blog.samaltman.com/how-to-invest-in-startups.

4. Malcolm Gladwell, in his Outliers: The Story of Success (New York: Little, Brown, 2008), stresses the returns from practice, drawing on the research of Anders Ericsson and others.

5. 關於「心理韌性」，請參見：Salvatore R. Maddi, "The Story of Hardiness: Twenty Years of Theorizing, Research, and Practice," Consulting Psychology Journal: Practice and Research 54, no. 3 (2002): 175–185; and Kevin J. Eschleman, Nathan A. Bowling, and Gene M. Alarcon, "A Meta-Analytic

Examination of Hardiness," *International Journal of Stress Management 17*, no. 4 (2010): 277–307. 關於軍隊中的心理韌性研究，請參見：Paul T. Bartone, Robert R. Roland, James J. Picano, and Thomas J. Williams, "Psychological Hardiness Predicts Success in US Army Special Forces Candidates," *International Journal of Selection and Assessment 16*, no. 1 (2008): 78–81.

6. Arne Güllich et al., "Developmental Biographies of Olympic Super-Elite and Elite Athletes: A Multidisciplinary Pattern Recognition Analysis," *Journal of Expertise 2*, no. 1 (March 2019): 23–46.

7. Scott Simon, "Let's Play Two! Remembering Chicago Cub Ernie Banks," National Public Radio, January 24, 2015, https://www.npr.org/2015/01/24/379546360/lets-play-two-remembering-chicago-cub-ernie-banks.

8. Gregory J. Feist, "The Development of Scientific Talent in Westinghouse Finalists and Members of the National Academy of Sciences," *Journal of Adult Development 13*, no. 1 (March 2006): 23–35.

9. Ben Weidmann and David J. Deming, "Team Players: How Social Skills Improve Group Performance," National Bureau of Economic Research working paper 27071, May 2020.

10. 關於人格心理學中發現的成就動機相關概念，請參見：Leonora Risse, Lisa Farrell, and Tim R. L. Fry, "Personality and Pay: Do Gender Gaps in Confidence Explain Gender Gaps in Wages?," *Oxford Economic Papers 70*, no. 4 (2018): 919–949. 另請參見Allan Wigfield, Jacquelynne S. Eccles, Ulrich Schiefele, Robert W. Roeser, and Pamela Davis-Kean, "Development of Achievement Motivation," in *Handbook of Childhood Psychology*, vol. III, Social, Emotional, and Personality Development, 6th ed., edited by William Damon and Richard M. Lerner, 406–434 (New York: John Wiley, 2008).

11. "Susan Barnes has observed that Steve entered every negotiation knowing exactly what he had to get, and what his position was versus the other side." Brent Schlender, Becoming Steve Jobs (New York: Crown Publishing Group, 2015), 289.

第七章

1. Steve Silberman, "Greta Thunberg Became a Climate Activist Not in Spite of Her Autism, but Because of It," *Vox*, last updated September 24, 2019.
2. Masha Gessen, "The Fifteen-Year-Old Climate Activist Who is Demanding a Different Kind of Politics," *The New Yorker*, October 2, 2018.
3. 我非常感謝蜜雪兒・道森（Michelle Dawson）在此議題上的討論，然而我們對於殘障的概念和討論，她不需要承擔任何責任。
4. Chloe Taylor, "Billionaire Richard Branson: Dyslexia Helped Me to Become Successful," CNBC, October 7, 2019, https://www.cnbc.com/2019/10/07/billionaire-richard-branson-dyslexia-helped-me-to-become-successful.html.
5. The report is "The Value of Dyslexia: Dyslexic Strengths and the Changing World of Work," Ernst & Young Global Limited, 2018.
6. Darcey Steinke, "My Stutter Made Me a Better Writer," *The New York Times*, June 6, 2019.
7. James Gallagher, "Aphantasia: Ex-Pixar Chief Ed Catmull Says 'My Mind's Eye Is Blind,'" *BBC News*, April 9, 2019. 對於「想像障礙」更多討論請參見：Adam Zeman et al., "Phantasia— The Psychological Significance of Lifelong Visual Imagery Vividness Extremes," *Cortex 130* (2020): 426–440. 更廣泛的討論請參見：Anna Clemens, "When the Mind's Eye Is Blind," *Scientific American*, August 1, 2018.
8. 同樣，「亞斯柏格症候群」這個術語逐漸愈來愈被「自閉症」所取代，包括在最新版本的《精神疾病診斷與統計手冊》（DSM）裡，也就是《精神疾病診斷與統計手冊第五版》（DSM-5）。針對這點，我們並不堅持任何特定觀點，並且盡可能廣泛使用這些詞彙，以便可以與術語的不同用法保持一致。
9. 請參見Tony Atwood, The Complete Guide to Asperger's Syndrome (London: Jessica Kingsley, 2015), 27–28.
10. 關於自閉症患者的社會智力，請參見：Anton Gollwitzer, Cameron Martel, James C. McPartland, and John A. Bargh, "Autism Spectrum Traits Predict Higher Social Psychological Skill," *Proceedings of the National Academy of Sciences 116*, no. 39 (September 24, 2019): 19245–19247.

11. 關於泰勒的自述（對於自閉症）可參見他的著作《*The Age of the Infovore*》(New York: Plume, 2010).

12. the Behavioral and Brain Sciences symposium on social motivation in autism, led by Vikram K. Jaswal and Nameera Akhtar, "Being Versus Appearing Socially Uninterested: Challenging Assumptions About Social Motivation in Autism," *Behavioral and Brain Sciences 42* (2019): e82.

13. Ellen Rosen, "Using Technology to Close the Autism Job Gap," *The New York Times*, October 24, 2019; 關於微軟，請參見：Maitane Sardon, "How Microsoft Tapped the Autism Community for Talent," *The Wall Street Journal*, October 26, 2019.

14. David Friedman, "Cold Houses in Warm Climates and Vice Versa: A Paradox of Rational Heating," *Journal of Political Economy 95*, no. 5 (1987): 1089–1097. 你也可以上他的個人網站：http://www. daviddfriedman.com/Academic/Cold Houses/Cold Houses.html.此外，在經濟學觀點之外，另一個思考角度請參見：Willem E. Frankenhuis, Ethan S. Young, and Bruce J. Ellis, "The Hidden Talents Approach: Theoretical and Methodological Challenges," *Trends in Cognitive Sciences 24*, no. 7 (March 2020): 569–581.

15. 請參見 ichael Cavna, "Dav Pilkey Credits His ADHD for His Massive Success. Now He Wants Kids to Find Their Own 'Superpower,' " *The Washington Post*, October 11, 2019.

16. 相關討論請參見科文的著作《*The Age of the Infovore*》，以及Rachel Nuwer, "Finding Strengths in Autism," *Spectrum*, May 12, 2021. 亦可參見Simon Baron-Cohen, "Autism: The Emphathizing-Sympathizing (E-S) Theory," *Annals of the New York Academy of Sciences 1156* (2009): 68–80; Francesca Happe and Pedro Vital, "What Aspects of Autism Predispose to Talent?," Philosophical Transactions of the Royal Society of London B: *Biological Sciences 364*, no. 1522 (2009): 1369–1375; Laurent Mottron, Michelle Dawson, Isabelle Soulières, Benedicte Hubert, and Jake Burack, "Enhanced Perceptual Functioning in Autism: An Update, and Eight Principles of Autistic Perception," *Journal of Autism and Developmental Disorders 36*, no. 1 (January 2006): 27–43; and Liron Rozenkrantz, Anila M. D'Mello, and John D. E. Gabrieli, "Enhanced Rationality in Autism Spectrum Disorder,"

Trends in Cognitive Sciences 25, no. 8 (August 1, 2021): P685–P696.關於「瑞文氏測驗」的結果請參見：Michelle Dawson, Isabelle Soulieres, Morton Ann Gernsbacher, and Laurent Mottron, "The Level and Nature of Autistic Intelligence," *Psychological Science 18*, no. 8 (2007): 657–662.關於自閉症和智力的遺傳風險，主要參考自：Scott Alexander, "Autism and Intelligence: Much More than You Wanted to Know," SlateStarCodex, November 13, 2019, https:// slatestarcodex.com/2019/11/13/autism-and-intelligence-much-more-than-you-wanted-to-know/. 更多對這個議題的討論請參見S. P. Hagenaars et al., "Shared Genetic Aetiology Between Cognitive Functions and Physical and Mental Health in UK Biobank (N =112 151) and 24 GWAS Consortia," *Molecular Psychiatry 21* (2016): 1624–1632.

17. 關於自閉症與新發生的突變（de novo mutations），請參見：Scott Myers et al., "Insufficient Evidence for 'Autism-Specific' Genes," *American Journal of Human Genetics 106*, no. 5 (May 7, 2020): 587–595.

18. Vernon L. Smith, *A Life of Experimental Economics*, vol. 1, *Forty Years of Discovery* (New York: Palgrave Macmillan, 2018).

19. Temple Grandin, "Why Visual Thinking Is a Different Approach to Problem Solving," *Forbes*, October 9, 2019.

20. Jeff Bell, "Ten-Year-Old Has Pi Memorized to 200 Digits, Speaks 4 Languages," *Times Colonist*, December 1, 2019.

21. 相關討論請參見：Mark A. Bellgrove, Alasdair Vance, and John L. Bradshaw, "Local-Global Processing in Early-Onset Schizophrenia: Evidence for an Impairment in Shifting the Spatial Scale of Attention," *Brain and Cognition 51*, no. 1 (2003): 48–65; Peter Brugger, "Testing vs. Believing Hypotheses: Magical Ideation in the Judgment of Contingencies," *Cognitive Neuropsychiatry 2*, no. 4 (1997): 251–272; Birgit Mathes et al., "Early Processing Deficits in Object Working Memory in First-Episode Schizophreniform Psychosis and Established Schizophrenia," *Psychological Medicine 35* (2005): 1053–1062以及Diego Pizzagalli et al., "Brain Electric Correlates of Strong Belief in Paranormal Phenomena: Intracerebral EEG Source and Regional Omega Complexity Analyses," *Psychiatry Research: Neuroimaging Section 100*, no. 3 (2000): 139–154. 關於躁鬱症患者的差

異，請參見：M. F. Green, "Cognitive Impairment and Functional Outcome in Schizophrenia and Bipolar Disorder," *Journal of Clinical Psychiatry 67*, suppl. 9 (December 31, 2005): 3–8.

22. Sara Weinstein and Roger E. Graves, "Are Creativity and Schizotypy Products of a Right Hemisphere Bias?," *Brain and Cognition 49* (2002): 138–151, quotations from 138. 亦可參見Selcuk Acar and Sedat Sen, "A Multilevel Meta-Analysis of the Relationship Between Creativity and Schizotypy," *Psychology of Aesthetics, Creativity, and the Arts 7*, no. 3 (2013): 214–228; Andreas Fink et al., "Creativity and Schizotypy from the Neuroscience Perspective," *Cognitive, Affective, and Behavioral Neuroscience 14*, no. 1 (March 2014): 378–387; Mark Batey and Adrian Furnham, "The Relationship Between Measures of Creativity and Schizotypy," *Personality and Individual Differences 45* (2008): 816–821; and Daniel Nettle, "Schizotypy and Mental Health Amongst Poets, Visual Artists, and Mathematicians," *Journal of Research in Personality 40*, no. 6 (December 2006): 876–890.關於親戚，請參見：Diana I. Simeonova, Kiki D. Chang, Connie Strong, and Terence A. Ketter, "Creativity in Familial Bipolar Disorder," *Journal of Psychiatric Research 39* (2005): 623–631.於預測創造力的多基因風險評分，請參見：Robert A. Power et al., "Polygenic Risk Scores for Schizophrenia and Bipolar Disorder Predict Creativity," *Nature Neuroscience 18*, no. 7 (July 2015): 953–956.關於精神分裂症的遺傳學和教育，請參見：Perline A. Demange et al., "Investigating the Genetic Architecture of Non-Cognitive Skills Using GWAS-by-Subtraction," *bioRxiv*, January 15, 2020.

23. 這段歌詞引用自肯伊·威斯特（Kanye West）的歌〈Yikes〉，出自二〇一八的專輯。

24. Wessel de Cock, "Kanye West's Bipolar Disorder as a 'Superpower' and the Role of Celebrities in the Rethinking of Mental Disorders," http://rethinkingdisability.net/kanye-wests-bipolar-disorder-as-a-superpower-and-the-role-of-celebrities-in-the-rethinking-of-mental-disorders/, accessed July 7, 2020.

25. Bernard Crespi and Christopher Badcock, "Psychosis and Autism as Diametrical Disorders of the Social Brain," *Behavioral and Brain Sciences*

31, no. 3 (2008): 241–260;特別是253至254頁引用更廣泛的相關文獻。

26. 請參見：Ahmad Aku-Abel,"Impaired Theory of Mind in Schizophrenia," *Pragmatics and Cognition 7*, no. 2 (January 1999): 247–282.想要更全面了解精神分裂症和心智理論，請參見：Mirjam Spring et al., "Theory of Mind in Schizophrenia: Metaanalysis," *British Journal of Psychiatry 191* (2007): 5–13.

第八章

1. 請參見 "Clementine Jacoby," Forbes profile, https://www.forbes.com/profile/clementine-jacoby/? sh = 3b852e72a654，亦請參見：the Recidiviz home page, https://www.recidiviz.org/team/cjacoby.
2. "Clementine Jacoby," Forbes profile.
3. 請參見：Gerrit Mueller and Erik Plug, "Estimating the Effect of Personality on Male and Female Earnings," *Industrial and Labor Relations Review 60*, no. 1 (October 2006): 3–22.
4. 請參見：Tim Kaiser and Marco Del Giudice, "Global Sex Differences in Personality: Replication with an Open Online Dataset," *Journal of Personality 88*, no. 3 (June 2020): 415–429. 亦請參見：Marco Del Giudice, "Measuring Sex Differences and Similarities," in *Gender and Sexuality Development: Contemporary Theory and Research*, edited by D. P. VanderLaan and W. I. Wong (New York: Springer, forthcoming). 關於「親和性」與「外向性」，請參見：Richard A. Lippa, "Sex Differences in Personality Traits and Gender-Related Occupational Preferences Across 53 Nations: Testing Evolutionary and Social-Environmental Theories," *Archives of Sexual Behavior 39*, no. 3 (2010): 619–636. 相關文獻亦請參見：Scott Barry Kaufman, "Taking Sex Differences in Personality Seriously," *Scientific American*, December 12, 2019.
5. 請參見：Ellen K. Nyhus and Empar Pons, "The Effects of Personality on Earnings," *Journal of Economic Psychology 26* (2005): 363–384. 關於「情緒穩定度」和「外向性」，請參見：SunYoun Lee and Fumio Ohtake, "The Effect of Personality Traits and Behavioral Characteristics on Schooling, Earnings and Career Promotion," *Journal of Behavioral Economics and*

Finance 5 (2012): 231–238. 亦請參見：Miriam Gensowski, "Personality, IQ, and Lifetime Earnings," *Labour Economics 51* (2018): 170–183. 加拿大數據請參見：Dawson McLean, Mohsen Bouaissa, Bruno Rainville, and Ludovic Auger, "Non-Cognitive Skills: How Much Do They Matter for Earnings in Canada?," *American Journal of Management 19*, no. 4 (2019):104–124, esp. 116.

6. 請參見：Melissa Osborne Groves, "How Important Is Your Personality? Labor Market Returns to Personality for Women in the US and UK," *Journal of Economic Psychology 26* (2005): 827–841.也請參見她的論文："The Power of Personality: Labor Market Rewards and the Transmission of Earnings," University of Massachusetts, Amherst, 2000.

7. 請參見：Groves, "The Power of Personality," 44–45.

8. 請參見：Martin Abel, "Do Workers Discriminate Against Female Bosses?," Institute for the Study of Labor, IZA working paper 12611, September 2019, https://www.iza. org/publications/dp/12611/do-workers-discriminate-against-female-bosses.

9. 請參見：David Robson, "The Reason Why Women's Voices Are Deeper Today," *BBC Worklife*, June 12, 2018.關於聲調的研究，請參見Cecilia Pemberton, Paul Mc-Cormack, and Alison Russell, "Have Women's Voices Lowered Across Time? A Cross Sectional Study of Australian Women's Voices," *Journal of Voice 12*, no. 2 (1998): 208–213.關於男性使用聲調來展現支配地位，請參見：David Andrew Puts, Carolyn R. Hodges, Rodrigo A. Cárdenas, and Steven J. C. Gaulin, "Men's Voices as Dominance Signals: Vocal Fundamental and Formant Frequencies Influence Dominance Attributions Among Men," *Evolution and Human Behavior 28*, no. 5 (September 2007): 340–344.

10. 關於這些差異，請參見：Rachel Croson and Uri Gneezy, "Gender Differences in Preferences," *Journal of Economic Literature 47*, no. 2 (June 2009): 448–474; Thomas Buser, Muriel Niederle, and Hessel Oosterbeek, "Gender Competitiveness and Career Choices," *Quarterly Journal of Economics 129*, no. 3 (August 2014): 1409–1447; and Muriel Niederle and Lise Vesterlund, "Do Women Shy Away from Competition? Do Men Compete

Too Much?," *Quarterly Journal of Economics 122*, no. 3 (August 2007): 1067–1101等諸多研究。順帶一提，這些類似的研究並不評判這些差異究竟是固有的生理差異或是由性別社會化過程所造成。無論如何，從身為發掘人才者的觀點來看，那並不是重點。問題在於你如何用這些資訊來提升招募品質，找到更多才華洋溢的女性。

11. 請參見：Christine L. Exley and Judd B. Kessler, "The Gender Gap in Self-Promotion," working paper, 2019, https://www.hbs.edu/faculty/Pages/item. aspx? num = 57092.

12. 請參見：Julian Kolev, Yuly Fuentes-Medel, and Fiona Murray, "Is Blinded Review Enough? How Gendered Outcomes Arise Even Under Anonymous Evaluation," National Bureau of Economic Research working paper 25759, April 2019.

13. 請參見：Sarah Cattan, "Psychological Traits and the Gender Wage Gap," Institute for Fiscal Studies working paper, 2013; Francine D. Blau and Lawrence M. Kahn, "The Gender Wage Gap: Extent, Trends, and Explanations," National Bureau of Economic Research working paper 21913, January 2016.後續的重要研究請參見：Leonora Risse, Lisa Farrell, and Tim R. L. Fry, "Personality and Pay: Do Gender Gaps in Confidence Explain Gender Gaps in Wages?," *Oxford Economic Papers 70*, no. 4 (2018): 919–949;亦請參見：Adina D. Sterling et al., "The Confidence Gap Predicts the Gender Pay Gap Among STEM Graduates," *Proceedings of the National Academy of Sciences 117*, no. 48 (December 1, 2020): 30303–30308.有關信心差距及刻板印象如何促成此差距的證據，請參見：Pedro Bordalo, Katherine Coffman, Nicola Gennaioli, and Andrei Shleifer, "Beliefs About Gender," *American Economic Review 109*, no. 3 (March 2019): 739–773, https://scholar.harvard.edu/files/shleifer/files/beliefsaboutgender2.2019.pdf.

14. 請參見：Angela Cools, Raquel Fernandez, and Eleonora Patacchini, "Girls, Boys, and High Achievers," National Bureau of Economic Research working paper 25763, April 2019. 關於自信差距有助於解釋為何男孩在學校往往會更積極爭取重新評分，請參見：Cher Hsuehhsiang Li and Basit Zafar, "Ask and You Shall Receive? Gender Differences in Regrades in College," National Bureau of Economic Research working paper 26703, January 2020.

15. 另一個證據則提出相較於男性，女性更是理性的交易者，請參見：
Catherine C. Eckel and Sascha C. Füllbrunn, "Thar SHE Blows? Gender,
Competition, and Bubbles in Experimental Asset Markets," *American
Economic Review 105*, no. 2 (2015): 906–920.關於經濟學家的性別差
異，請參見：Heather Sarsons and Guo Xu, "Confidence Men? Evidence
on Confidence and Gender Among Top Economists," *AEA Papers and
Proceedings 111* (2021): 65–68.

16. Joyce He, Sonia Kang, and Nicola Lacetera, "Leaning In or Not Leaning Out?
Opt-Out Choice Framing Attenuates Gender Differences in the Decision to
Compete," National Bureau of Economic Research working paper 26484,
November 2019.

17. Jennifer Hunt, Jean-Philippe Garant, Hannah Herman, and David J. Munroe,
"Why Don't Women Patent?," National Bureau of Economic Research
working paper 17888, March 2012.

18. Sabrina T. Howell and Ramana Nanda, "Networking Frictions in Venture
Capital, and the Gender Gap in Entrepreneurship," National Bureau of
Economic Research working paper 26449, November 2019.

19. Susan Chira, "Why Women Aren't C.E.O.s, According to Women Who
Almost Were," *The New York Times*, July 21, 2017.

20. Allen Hu and Song Ma, "Persuading Investors: A Video-Based Study,
National Bureau of Economic Research working paper 29048, July 2021.

21. Raffi Khatchadourian, "N. K. Jemisin's Dream Worlds," *The New Yorker*,
January 27, 2020.

22. Frank Bruni, "Sister Wendy, Cloistered," *The New York Times*, September
30, 1997，亦可參見她的Wikipedia：https://en.wikipedia.org/wiki/Wendy
Beckett.

23. 有趣的是，這份研究指出魅力和智力並不相關。此外，看眾人如何判
斷聰明的標準也十分有趣。舉例來說，被判定為聰明的男性特徵包
括：臉型偏長、兩眼之間距離較寬、鼻子較大、嘴角稍微上揚、下巴
較尖而沒那麼圓潤；然而這些特徵根本無法預測智力。因此，研究充
分說明人們對於智力的判斷具有一些刻版印象。研究請參見：Karel
Kleisner, Veronika Chvátalová, and Jaroslav Flegr, "Perceived Intelligence is

Associated with Measured Intelligence in Men but Not Women," *PLoS ONE 9*, no. 3 (2014): e81237.

24. Xingjie Wei and David Stillwell, "How Smart Does Your Profile Image Look? Intelligence Estimation from Social Network Profile Images," December 11, 2016, https://arxiv.org/abs/1606.09264.

第九章

1. Alexei Barrionuevo, "Off Runway, Brazilian Beauty Goes Beyond Blond," *The New York Times*, June 8, 2010.

2. Gisele Bündchen, *Lessons: My Path to a Meaningful Life* (New York: Penguin Random House, 2018), 2.亦請參見：Ian Halperin, *Bad and Beautiful: Inside the Dazzling and Deadly World of Supermodels* (New York: Citadel Press, 2001), 161. 關於克莉絲蒂・布琳克莉，請參見：Alexa Tietjen, "Christie Brinkley on Aging, Healthy Living and How a Sick Puppy Started Her Career," *WWD*, June 21, 2017, https://wwd.com/eye/people/christie-brinkley-ageism-and-healthy-living-10922910 /.關於克勞蒂亞・雪佛，請參見：Michael Gross, *Model: The Ugly Business of Beautiful Women* (New York: William Morrow, 1995), 475.關於凱特・莫斯（Kate Moss）的故事以及其他人的故事，請參見：Erica Gonzales, Chelsey Sanchez, and Isabel Greenberg, "How 40 of Your Favorite Models Got Discovered," *Harper's Bazaar*, August 14, 2019。珍妮絲・狄金森（Janice Dickinson）被星探發掘的故事，請參見：*Janice Dickinson, No Lifeguard on Duty: The Accidental Life of the World's First Supermodel* (New York: HarperCollins, 2002), esp. 63.關於貝哈蒂・普林斯露，請參見Britt Aboutaleb, "Life with Behati Prinsloo," *Fashionista*, April 8, 2014。關於娜歐蜜・坎貝爾，請參見："Naomi Campbell: 'At an Early Age, I Understood What It Meant to Be Black. You Had to Be Twice as Good,' " *The Guardian*, March 19, 2016.

3. 關於星探的類型，請參見：Gross, Model, 475. 在搜尋、聘用、經營模特兒方面，請參見Ashley Mears, *Pricing Beauty: The Making of a Fashion Model* (Berkeley: University of California Press, 2011), esp. 77–78.

4. Olga Khazan, "The Midwest, Home of the Supermodel: What a Scout's Successin the Heartland Says About the Modeling Industry," *Atlantic*, August

13, 2015.

5. Dalya Alberge, "Opera's Newest Star Taught Herself to Sing by Copying Divas on DVDs," *The Guardian*, August 31, 2019. 亦請參見Kim Cloete, "A New Opera Star Emerges from the 'Vocal Breadbasket' of South Africa," *The World*, October 21, 2016.

6. Ben Golliver, "Like Father, Like Son: Bronny James, LeBron's Kid, Is the Biggest Draw in High School Hoops," *The New York Times*, December 6, 2019.

7. Tyler Conroy, *Taylor Swift: This Is Our Song* (New York: Simon and Schuster, 2016), quotation from 43.

8. Ben Casnocha, "Venture Capital Scout Programs: FAQs," blog post, October 29, 2019, https://casnocha.com/2019/10/venture-capital-programs.html. 亦請參見Elad Gil, "Founder Investors & Scout Programs," blog post, April 1, 2019, http://blog.eladgil.com/2019/04/founder-investors-scout-programs.html.

9. Cade Massey and Richard H. Thaler, "The Loser's Curse: Decision Making and Market Efficiency in the National Football League Draft," *Management Science 59*, no. 7 (July 2013): 1479–1495. 也有一個具體方法顯示較早被選中的球員多半是個錯誤。到了NFL賽事的第六年,已有公開市場交易球員,而我們可以利用這個市場來估算最終價值。結果證明,選秀時簽約金價碼極高的球員被交易時,他們帶來的價值並不如他們很早就被選中所代表的高身價。梅西和塞勒寫道:「首輪選秀的剩餘價值實際上在那一輪的多數時候都在增加:在首輪最後一個被選中的球員,平均而言對其球隊帶來的剩餘價值高於第一個被選中的球員!」(1480)。

10. Ben Lindbergh and Travis Sawchik, *The MVP Machine: How Baseball's New Nonconformists Are Using Data to Build Better Players* (New York: Basic Books, 2019), esp. 191.

11. Rainer Zitelmann, *Dare to be Different and Grow Rich* (London: LID Publishing, 2020), 196.

12. Christopher J. Phillips, *Scouting and Scoring: How We Know What We Know About Baseball* (Princeton, NJ: Princeton University Press, 2019), 138–139.

13. Lindbergh and Sawchik, The MVP Machine, 171–172.

14. Tony Kulesa, "Tyler Cowen Is the Best Curator of Talent in the World," from

his Substack, https://kulesa.substack.com/p/tyler-cowen-is-the-best-curator-of, August 31, 2021.

15. Aretha Franklin and David Ritz, *Aretha: From These Roots* (New York: Villard, 1999), 亦可參見：David Ritz, *Respect: The Life of Aretha Franklin* (New York: Back Bay Books, 2015).

16. Erik Torenberg of Village Global (@eriktorenberg), for instance, ".@rabois has been talking about getting a monopoly on talent for the last decade(s). What's the most clever approach you've seen or considered in this vein?," February 24, 2019, 4:22 p.m., https://twitter.com/eriktorenberg/status/1099781696860282885.

第十章

1. George Eliot, *Daniel Deronda* (New York: Penguin Books, 1995 [1876]), 430.亦請參見Michal Nielsen's Facebook post on what he calls "volitional philanthropy,"https://www.facebook.com/permalink.php?storyfbid=22473539 1342335&id=100014176268390.

2. Audie Cornish, "Rare National Buzz Tipped Obama's Decision to Run," All Things Considered, National Public Radio, November 19, 2007, https://www.npr.org/templates/story/story.php?storyId=16364560.

3. 藉由這個過程，受訓者將看到一個截然不同、充滿熱情的未來，請參見：Cathy Freeman, "The Crystallizing Experience: A Study in Musical Precocity," *Gifted Child Quarterly 43*, no. 2 (Spring 1999): 75–85,以及 Patricia A. Cameron, Carol J. Mills, and Thomas E. Heinzen, "The Social Context and Developmental Pattern of Crystallizing Experiences Among Academically Talented Youth," *Roeper Review 17*, no. 3 (February 1995): 197–200.

4. Seth Gershenson, Cassandra M. D. Hart, Joshua Hyman, Constance Lindsay, and Nicholas W. Papageorge, " The Long-Run Impacts of Same-Race Teachers," *National Bureau of Economic Research working paper 25254*, November 2018.

5. Abhijit Banerjee, Esther Duflo, et al., "A Multifaceted Program Causes Lasting Progress for the Very Poor: Evidence from Six Countries,"

Science 348, no. 6236 (May 15, 2015). 引文來自podcast節目《與泰勒對話》, Abhijit Banerjee episode, released December 30, 2019, https://medium.com/@mercatus/abhijit-banerjee-tyler-cowen-economics-markets-ceda4b520b62?.

6. Daniel Gross, "Introducing Pioneer," Medium, August 10, 2018, https://medium.com/pioneerdotapp/introducing-pioneer-e18769d2e4d0.

財經企管 BCB795

人才
識才、選才、求才、留才的 10 堂課
TALENT: How to Identify Energizers, Creatives, and Winners Around the World

作者 —— 泰勒・科文 Tyler Cowen、丹尼爾・葛羅斯 Daniel Gross
譯者 —— 謝儀霏

總編輯 —— 吳佩穎
財經館副總監 —— 蘇鵬元
責任編輯 —— Jin Huang（特約）
封面設計 —— 葉馥儀 FE 設計

出版者 —— 遠見天下文化出版股份有限公司
創辦人 —— 高希均、王力行
遠見・天下文化 事業群榮譽董事長 —— 高希均
遠見・天下文化 事業群董事長 —— 王力行
天下文化社長 —— 林天來
國際事務開發部兼版權中心總監 —— 潘欣
法律顧問 —— 理律法律事務所陳長文律師
著作權顧問 —— 魏啟翔律師
社址 —— 臺北市 104 松江路 93 巷 1 號
讀者服務專線 02-2662-0012
傳真 —— 02-2662-0007；02-2662-0009
電子郵件信箱 —— cwpc@cwgy.com.tw
直接郵撥帳號 —— 1326703-6 號 遠見天下文化出版股份有限公司
出版登記 —— 局版台業字第 2517 號

電腦排版 —— 立全電腦印前排版有限公司
製版廠 —— 中原造像印刷股份有限公司
印刷廠 —— 中原造像印刷股份有限公司
裝訂廠 —— 中原造像印刷股份有限公司
總經銷 —— 大和書報圖書股份有限公司 電話／ 02-8990-2588
出版日期 —— 2023 年 3 月 31 日第一版第一次印行
　　　　　 2024 年 1 月 23 日第一版第四次印行

國家圖書館出版品預行編目(CIP)資料

人才 : 識才、選才、求才、留才的10堂課/泰勒.科文(Tyler
Cowen), 丹尼爾.葛羅斯(Daniel Gross)著 ; 謝儀霏譯. -- 第一
版. -- 臺北市 : 遠見天下文化出版股份有限公司, 2023.03
336面 ; 14.8×21公分. -- (財經企管 ; BCB795)
譯自 : Talent : how to identify energizers, creatives, and winners
around the world.

ISBN 978-626-355-146-6(平裝)

1.CST: 人力資源管理

494.3   112003274

定價 —— 450 元
ISBN —— 978-626-355-146-6 | EISBN —— 9786263551510（EPUB）；9786263551527（PDF）
書號 —— BCB795
天下文化官網 —— bookzone.cwgv.com.tw

本書如有缺頁、破損、裝訂錯誤，請寄回本公司調換。
本書僅代表作者言論，不代表本社立場。